Anders Hallgren

Der Schlüssel zum (Hunde)Glück

Über die emotionale Bindung und das Vermeiden von sozialem Stress bei Hunden

Titel der schwedischen Originalausgabe: Nyckeln till Lycka – att Motverka social Stress hos Hundar

Aus dem Englischen ins Deutsche: Brigid Weinzinger
ISBN 978-3-936188-70-7
Lektorat: Susanne Artmann
Satz & Layout: Annette Gevatter, Riegel a.K.
Fotos: Fotolia, Pixelio, Photocase, privat
Druck: FINIDR, s.r.o., Český Těšín, Tschechische Republik

Alle Rechte der deutschen Ausgabe:
animal learn Verlag, Am Anger 36, 83233 Bernau
email: animal.learn@t-online.de, www.animal-learn.de

Inhalt

Vorwort 4

KAPITEL 1
Die Bedeutung des Zusammenhalts 6

KAPITEL 2
Sensible Beziehungen 44

KAPITEL 3
Stress 51

KAPITEL 4
Von Natur aus freundlich 80

KAPITEL 5
Bindungen stärken und sozialen Stress vermeiden 93

Abschließende Gedanken 104

Dank 105

Literatur 106

Buchempfehlungen 110

In diesem Buch geht es um eine Hypothese, die ich als „optimale emotionale Bindung als Überlebensstrategie" bezeichne. In dieser Hypothese, die sich auf umfangreiche Beweise stützt und die durch die fortschreitenden Ergebnisse der ethologischen und psychologischen Forschung erhärtet wird, geht es um Beziehungen und um die Dinge, auf die es im Sozialkontakt mit anderen ankommt. Wir wissen, dass gut funktionierende Beziehungen wichtig sind für uns und das trifft auch auf unsere Beziehungen zu Hunden zu, die genauso wichtig und vielleicht sogar noch interessanter sind. Vielleicht denken Sie nun: „Natürlich ist es wichtig, eine gute Beziehung zum Hund zu haben und freundlich zu ihm zu sein!" Ja, aber warum ist das so wichtig? Wie wirken sich Ratschläge wie „Du musst deinem Hund gegenüber die Vormachtstellung haben, sein Anführer sein, ihn mit strenger Hand führen", auf unsere Beziehung zu ihm aus? Wie wirkt sich Strafe auf die Beziehung aus?

Ich möchte ausführlich erklären, warum ein freundlicher Umgang mit dem Hund für die Beziehung so wichtig ist. Dabei zeige ich einerseits, worauf der Zusammenhalt einer Gruppe von Kaniden beruht und gehe andererseits der Frage nach, welche Voraussetzungen ein Wolfsrudel zum Überleben unter schwierigen Umweltbedingungen braucht.

Auch das psychische Wohlergehen unserer Hunde werde ich ausführlich bearbeiten und auch, welche Rolle dabei das Eingehen auf das Wesen des Hundes und seine Bedürfnisse spielt. Wenn die Haltungsbedingungen und die Bedürfnisse des Hundes zu sehr auseinanderdriften, dann entwickelt der Hund Stresssymptome – also klare Anzeichen dafür, dass seine Bedürfnisse nicht ausreichend erfüllt werden.

Es gibt zahlreiche Diskussionen zwischen Hundehaltern und -trainern der „alten" oder auch „harten Schule" einerseits und jenen, die für sanftere Trainingsmethoden eintreten, andererseits. Die letzteren werden von den „Hardlinern" unfairerweise auch oft als „Softies" oder „Wattebäuschchenwerfer" bezeichnet. Wer von ihnen Recht hat, sollen die aktuellen Forschungsergebnisse aus der Ethologie und Psychologie zeigen – aus der Perspektive des Hundes betrachtet, nicht der des Menschen.

Anders Hallgren
Psychologe MSC, Tierverhaltensberater

KAPITEL 1

Die Bedeutung des Zusammenhalts

Wie wichtig gute Beziehungen sind, lässt sich am Wolfsrudel erkennen, das Zusammenhalt und Kooperation für sein Zusammenleben braucht. Die guten Beziehungen untereinander sind überlebensnotwendig und entscheiden über den Jagderfolg, die Verteidigung des Reviers und die erfolgreiche Aufzucht der Jungen. Das ist sowohl für das Überleben jedes Einzelnen im Rudel als auch für das Rudel im Ganzen (überlebens)wichtig.

Je mehr Verhaltensweisen es für einen bestimmten Zweck gibt, desto bedeutender ist dieser Zweck für die Spezies. Anders formuliert: Wenn wir eine ganze Reihe von Verhaltensweisen vorfinden, die alle der Stärkung des Gruppenzusammenhalts dienen, dann ist dieser offenbar von besonderer Bedeutung.

» Im Wolfsrudel spielt das gemeinsame Heulen eine wichtige Rolle beim sozialen Zusammenhalt.

Viele Verhaltensweisen dienen dem Zusammenhalt

Hunde und Wölfe setzen eine Reihe von Verhaltensweisen und körpersprachlichen Signalen ein, um damit den Zusammenhalt der Gruppe zu optimieren. Sie verwenden viele verschiedene Rituale, um damit die emotionale Bindung in ihrem Sozialleben zu festigen, nämlich die verschiedenen, so genannten distanzverringernden Verhaltensweisen.

Es gibt mehrere Verhaltensweisen, die die Bindung zwischen Individuen einer Gruppe stärken. Wenn sie gezeigt werden, kommt es zur Ausschüttung von Oxytocin (einem bestimmten Hormon mit Signalfunktion), das wohlige Gefühle auslöst. Zusätzlich werden auch Endorphine und Adrenalin freigesetzt, die ebenfalls positive Emotionen hervorrufen.

Interessant am Oxytocin ist, dass es zwar einerseits die Bindungen innerhalb einer Gruppe stärkt, andererseits aber die sozialen Beziehungen zu Außenstehenden schwächt. Es hat also auch die Wirkung, Fremde fernzuhalten (5). Der schwedische Hundepsychologe David Selin untersuchte diese Wirkung, indem er Hunde an einem Stück Watte schnüffeln ließ, das nach dem Oxytocin von fremden Hunden roch, und alle reagierten darauf mit Aggression (38).

1. Spielen: „Animals, that play together, intent to stay together“ (Marc Bekoff)

In Wolfsfamilien wird viel gespielt. Die Mitglieder necken sich oft oder fordern einander durch Nachlaufen und Wälzen zum Spielen auf. Vor allem die Jungtiere lieben ihre Spiele, die auch eine wichtige Funktion für die Bindung zwischen den Mitgliedern des Rudels haben (13).

Hunde nutzen das Spiel unter anderem, um einander kennenzulernen, es müssen dabei aber bestimmte Regeln eingehalten werden. Einander unbekannte Hunde können sich nicht einfach auf den anderen stürzen und ein wildes Raufspiel beginnen, weil das einer echten Rauferei zu nahe käme. Hunde wissen das instinktiv und beginnen ihr Spiel daher mit einer „Einleitung", indem sie einander nachlaufen.

Zuerst „Hallo" sagen

Zuerst müssen Hunde „Hallo" sagen, danach folgen bestimmte Rituale, die bereits in einiger Entfernung zueinander gezeigt werden. Hunde müssen sich dem anderen auf eine bestimmte Art nähern. Sie können nicht einfach schnurstracks auf den anderen zustürmen, sondern sollten stattdessen einen Punkt seitlich neben dem anderen anpeilen. Der Blickkontakt darf keineswegs direkt sein, sondern eher ein beiläufiges Schauen mit „unsteten" Augen, begleitet von einem deutlichen Wedeln mit der Rute. Mit diesen körpersprachlichen Signalen teilen sie einander mit, dass sie friedliche Absichten hegen und nur „Hallo" sagen wollen. Wenn die beiden Hunde direkt voreinander stehen, kommt zuerst das Beschnüffeln

» Eine höfliche Annäherung ist Voraussetzung für eine konfliktfreie Begegnung.

Schnauze an Schnauze – wobei vermutlich nicht viel Geruchsinformation gesammelt wird; es handelt sich hier nur um den ersten Schritt des Begrüßungsrituals. Wenn alles so weit gut läuft und keiner von den beiden sich entweder versteift oder zurückgezogen hat, dann geht es im nächsten Schritt ans Beschnüffeln von Ohren und Halsregion des anderen. Wenn auch das gut akzeptiert wird und keiner Einwände erhebt, dann gibt es die Erlaubnis, auch am Hinterteil des anderen zu schnüffeln, wo alle wirklich wichtigen Geruchsinformationen zu finden sind (17).

Laufspiele

Das Spiel kann erst beginnen, wenn das Begrüßungsritual abgeschlossen ist. Eingeleitet wird es mit einer Spielaufforderung von einem oder von beiden Hunden, bei der die Vorderkörpertiefstellung gezeigt wird. Begleitet wird das Ganze von Schwanzwedeln. Vielleicht schnappt sich einer von den beiden ein Stöckchen und rast damit los, als wolle er sagen,

» Auch Rennspiele laufen unter bestimmten Regeln ab, um ein unnötiges Aufheizen der Situation zu vermeiden.

„Los, fang mich, wenn Du kannst!" – oder sie laufen beide gleichzeitig in dieselbe Richtung und jagen einander hinterher, wobei die Rolle des Jägers und des Gejagten regelmäßig wechselt. In der Hitze des Gefechts kann es schon vorkommen, dass einer sich zu sehr hineinsteigert oder zu grob wird, wobei der andere sofort zu erkennen gibt, was er wegsteckt und was nicht mehr. Das ist eine perfekte Möglichkeit, auch gleich die Stärken und Schwächen des anderen kennenzulernen.

Manche Hunde neigen dazu, im Spiel zu grob zu werden und können sogar Mobbingverhalten entwickeln, wenn der Spielpartner sich das gefallen lässt und sich nicht wehrt. Manchmal kann das spielerische Hetzen auch zu einer wirklichen Rauferei führen, wenn einer provoziert und nicht klug genug ist, auf die Stopp-Signale des anderen zu reagieren.

» Werden Stopp-Signale des anderen nicht beachtet, kann es zur Rauferei kommen.

Raufspiele

Hunde, die miteinander befreundet sind, machen auch gern Raufspiele miteinander, bei denen sie sich am Nacken packen, mit den Vorderpfoten festhalten, brummeln oder am Boden rangeln. Dazu brauchen sie weniger Energie als für Laufspiele, es ist daher eine etwas ruhigere Spielvariante. Allerdings ähneln diese Raufspiele durchaus echtem Kämpfen, weshalb die Hunde Vorsicht walten lassen müssen. Raufspiele können in ernstes Raufen ausarten, wenn einer von beiden zu aufgeregt wird und einmal etwas zu fest zupackt. Dann kann die Stimmung kippen.

Missverständnisse

Jeder Hund ist anders. Bei manchen klappt alles sehr gut und sie halten sich an die ungeschriebenen Gesetze der Natur für Begrüßung und Spiel. Manchmal gibt es aber auch Probleme. Ich beobachtete einmal zwei junge Hunde, die sich auf einer Wiese trafen. Einer davon war eine Husky-Hündin, ruhig und sehr sicher in ihrem instinktiven Verhalten, der andere war ein Boxerrüde, eine Rasse, die für ihr fröhliches Naturell bekannt ist, aber weniger für ausgeprägt sicheres Instinktverhalten.

Die Husky-Hündin signalisierte von Anfang an und schon auf Entfernung sehr deutlich höfliches Verhalten – mit wedelndem Schwanz und immer wieder abgewandtem Blick. Sie starrte ihr Gegenüber nicht an. Als sie näher kam, wirkte es beinahe so, als wolle sie an ihm vorbeilaufen. Der Stummelschwanz des Boxers wedelte vermutlich auch, was aber kaum zu erkennen war, denn damals war das Kupieren der Rute bei dieser Rasse noch erlaubt. Es war auch nicht klar erkennbar, ob er die Hündin direkt anschaute oder seinen Blick abwandte, weil es aufgrund der Position seiner Augen so wirkte, als würde er in verschiedene Richtungen gleichzeitig schauen. Dazu kam noch, dass er durch seine aufgeworfene Nase merkwürdig schnorchelnde Geräusche von sich gab. Das alles zusammen ergab für die Husky-Hündin so verwirrende Signa-

» Eine solch schwungvolle Annäherung kann zu Missverständnissen führen – selbst, wenn sie in friedlicher Absicht gezeigt wurde.

le, dass sie zögerte und stehen blieb. Sie verstand einfach nicht, was der Boxer ihr mitteilen wollte. Der Boxer erkannte das aber nicht und wollte einfach nur spielen. Er lief also entgegen jeder ungeschriebenen Regel im Buch des natürlichen Instinktverhaltens schnurgerade auf seine eben entdeckte Spielpartnerin zu und blieb Nase an Nase vor ihr stehen.

Die Husky-Hündin schnüffelte ein wenig zögerlich an der Nase des Boxers; man sah ihr das Unbehagen über sein merkwürdiges Schnorcheln deutlich an. Er machte, davon unbeirrt, fröhlich weiter, hatte auch nicht die Geduld, sich genau an die Ritualregeln zu halten und wollte einfach spielen. Als er als nächstes am Ohr der Husky-Hündin schnüffeln wollte und dabei sein Atem, sein Schnorcheln und ein Speicheltropfen auf das Ohr der Hündin traf, machte die einen Sprung zurück. Sie war jetzt deutlich irritiert, aber der

Boxer bemerkte auch hiervon nichts. Er dachte wohl, dass damit der höfliche Anfang erledigt war und er sich nun zum Schnüffeln ans Hinterteil der Hündin machen konnte. Das war der nun aber eindeutig zu viel und sie schnappte nach ihm. Der Boxer zog sich zurück und schaute sehr enttäuscht drein.

» Das Ausdrucks- und Spielverhalten von Boxern und Huskies unterscheidet sich erheblich.

Nach einer Weile hatten sich beide wieder beruhigt und versuchten vorsichtig, ein Spiel anzufangen. Die Husky-Hündin lud den Boxer mit einer eleganten Vorderkörpertiefstellung ein, der mit drei Hopsern nach vorne reagierte und sich heftig auf seine Vorderpfoten stemmte. Die Husky-Hündin fing an, Spielkreise um den Boxer zu laufen, um ihn zu einem Laufspiel zu animieren, aber der stand nur da und kannte sich nicht aus. Sie gab auf und blieb stehen. Da warf er sich auf sie drauf, klemmte sie sich zwischen die Vorderpfoten und fing mit begeistertem Brummeln und Schnorcheln mit ihr zu rangeln an. Damit verspielte er aber jedes Vertrauen auf ihrer Seite, denn als Husky konnte sie so ein rüpelhaftes Benehmen nicht akzeptieren. Die Dreistigkeit, sich ohne jedes einleitende Laufspiel gleich in eine Spielrangelei zu stürzen, ging ihr dann doch zu weit. Die merkwürdige Körpersprache und die Schnorchelgeräusche des Boxers trugen vermutlich noch ihren Teil zu dem bei, was folgte.

Ich konnte nicht genau verfolgen, was geschah, aber plötzlich jaulte der Boxer auf und die Husky-Hündin sah ernsthaft verärgert drein. Jetzt hatte er ihr allen Grund gegeben, keinem Hund seiner Rasse mehr zu trauen. Nach diesem Zwischenfall wurde jeder Boxer, der ihr über den Weg lief, nur noch knurrend auf Abstand gehalten.

» Dieser Hund zeigt ein betont freundliches Begrüßungszeremoniell gegenüber seinem Halter.

Wenn Spiele korrekt und ohne Missverständnisse ablaufen, dann bieten sie eine wunderbare Gelegenheit, einander kennenzulernen und enge Freundschaften zu schließen. Es handelt sich also um eine perfekte Methode, soziale und emotionale Bindungen zu stärken.

2. Aktiv submissives Verhalten: „Die weiße Fahne wird gezeigt."

„Submissiv" ist eigentlich keine besonders gelungene Wortwahl, weil es ein wenig danach klingt, als würde sich einer vor dem „dominanten anderen auf den Rücken werfen – ein Verhalten, das aber nur bei der völligen Unterwerfung auftritt, also bei dem, was man als „passive Submission" bezeichnet.

„Aktive Submission" ist etwas Anderes. Es handelt sich dabei um einen Begriff aus der Ethologie, der eindeutig definiert ist und bedeutet, dass einer dem anderen aktiv Respekt und Zuneigung erweist. Es handelt sich dabei um das einschmeichelnde Verhalten, das man vom eigenen Hund kennt, wenn er einem das Gesicht lecken möchte oder sich mit einem heftigen Wedeln fest an einen drückt. Er „wirft sich ran".

Aktive Submission sieht man häufig bei der Begrüßung, beim Zusammentreffen von Gruppenmitgliedern. Wenn einzelne Gruppenmitglieder über kürzere oder längere Zeit voneinander getrennt waren, dann gibt es recht intensive Begrüßungsrituale. Sie kennen die freudigen Begrüßungsszenen von Ihrem eigenen Hund, wenn Sie nach einer Reise wieder nach Hause kommen. Da geht es sowohl wild als auch laut zu – mit Freudenrufen, häufigem Körperkontakt, Lecken und sich Anschmiegen.

» Wenn wir eine Weile nicht zu Hause waren und die emotionale Verbindung daher unterbrochen war, dient das Begrüßungsritual des Hundes dazu, diese Bindung wieder aufzunehmen und zu stärken. Es ist daher wichtig, dass wir uns beim Heimkommen Zeit nehmen für diese Bindungspflege. Manchmal hört man, dass man die Begrüßung des Hundes beim Heimkommen ignorieren soll; das wäre allerdings grundfalsch – sowohl aus ethologischer als auch aus psychologischer Sicht!

Dabei ist es ganz normal, dass der Hund Ihnen während des Körperkontakts das Hinterteil zuwendet. Das hat seinen Grund darin, dass man unter Freunden klar kommunizieren muss, wenn man in hohem Tempo und mit schneller Bewegung ganz nahe herankommt, denn das darf schließlich nicht als aggressives Verhalten missverstanden werden. Der Hund löst das elegant, indem er Ihnen das Hinterteil entgegenstreckt – auch wenn das dem Menschen, der so begrüßt wird, vielleicht nicht ganz so elegant vorkommt.

Mir wurde einmal von einem Labrador erzählt, der immer ganz nahe am Esstisch sitzen wollte. Die Familie hatte gerade zwei Gäste, die auf der Küchenbank saßen, zwischen ihnen war ein wenig Platz und der Labrador hatte diesen Platz ins Visier genommen. Er versuchte mehrmals, auf die Bank zu springen, änderte

» Verlockungen auf dem Esstisch lassen Hunde erfinderisch werden.

dann aber seine Strategie. Das lag vermutlich daran, dass er kein Missverständnis durch ein schnelles Hochspringen mit Blickrichtung auf die Gäste riskieren wollte. Er löste das Problem nach einer Weile, indem er ihnen sein Hinterteil zuwandte und sich im Rückwärtsgang auf die Bank robbte.

Wenn Sie Ihren Hund beobachten, dann werden Sie bei vielen Gelegenheiten, bei denen Ihr Hund in irgendeiner Weise einen Kontakt herstellt – sei es körperlich, mit Blicken oder über Lautgebung –, feststellen, dass er dabei aktiv submissive Signale aussendet und kleine Freudenlaute von sich gibt. Das kann beim Kuscheln sein, oder wenn Sie sich zu ihm auf den Boden setzen und er das mit einem Schwanzwedeln, kleinen Fieplauten oder einem Lecken beantwortet. Er macht das auch immer dann, wenn er an Ihnen hochspringt, wenn er einen längeren Blickkontakt aufnimmt oder Sie erwartungsvoll wedelnd anschaut.

3. Aggressionsvermeidende Signale und Verhaltensweisen: „Beschwichtigungssignale“

Die komplexe Kommunikation über Körpersprache, Mimik, Lautgebung, Gerüche und Berührungen ist für die Einheit und den Zusammenhalt einer Gruppe und für die Vertiefung der sozialen und emotionalen Bindungen zwischen ihren Mitgliedern natürlich wichtig. Besonders wichtig sind dabei aktiv submissive Signale und alle Signale, die Aggression vermeiden, also Beschwichtigungssignale (17).

Wenn ein Hund sich von einem anderen unter Druck gesetzt fühlt, kann er eine Reihe von Signalen verwenden, die darauf abzielen, diese von ihm wahrgenommene Bedrohung zu entschärfen. Er kann dazu passive Submission einsetzen wie den Blick abwenden, eine Vorderpfote anheben, sich ducken, hinlegen oder auf den Rücken drehen.

» Submissive Verhaltensweisen entschärfen Konflikte oder lassen sie erst gar nicht aufkommen.

Eine andere, sehr wirksame Möglichkeit, mit einer Bedrohung umzugehen, ist es, sich zu kratzen. Ich habe dieses Verhalten bei dem Neufundländer Sotis beobachten können, der Carina gehörte, die damals mit mir gemeinsam in der Hundeschule arbeitete, die ich zwischen 1979 und 1985 betrieb. Eines Tages rannte ein aggressiver Deutscher Schäferhundrüde in vollem Tempo auf Sotis zu, um eine Rauferei zu beginnen. Aber der hatte für dieses Ansinnen nur einen müden Blick übrig und drehte ihm – knapp bevor der Schäferhund bei ihm ankam – den Rücken zu. Der Schäferhund konnte daraufhin seine Attacke nicht fortführen, weil ein Angriff von hinten gegen die ungeschriebenen Regeln der Hundesprache verstoßen hätte. Also ging er um Sotis herum und stellte sich ihm mit herausfordernder Haltung und Mimik in den Weg. Sotis zeigte sich völlig unbeeindruckt davon. Er schaute zum Himmel hoch, während er sich bedächtig hinsetzte, eine Pfote hob und begann, sich zu kratzen. Die Wirkung war durchschlagend. Der Deutsche Schäferhund ließ die Rute absinken, kippte seine Ohren nach hinten, legte sich nieder und fing an wie ein kleiner Welpe zu winseln, während er auf Sotis zukroch, bis sein Kopf unter dessen Kinn war. Dann leckte er Sotis die Mundwinkel. Sotis ignorierte ihn völlig, ging ein paar Schritte zu einem Pfosten daneben, hob ein Bein und pinkelte. Als Sotis fertig war, stand auch der andere Hund auf, ging zur selben Stelle und pinkel-

te ebenfalls dorthin, aber ohne dabei ein Hinterbein zu heben. Von dem Tag an reagierte der Deutsche Schäferhund bei jeder Begegnung mit Sotis mit Fiepen und Schwanzwedeln, als wollte er sagen: „Hey Sotis! Ich bin's, willst Du spielen?"

Hundehalter berichteten mir, dass ihre Hunde gähnten, wenn sie sich bedroht fühlten und wie dieses Verhalten dazu beitrug, dass die Bedrohung verschwand. Eine Halterin brachte ihre Hündin dazu, mit dem Knurren und der Verteidigung ihres Futters aufzuhören, indem sie darauf schlicht mit einem herzhaften Gähnen reagierte. Unter Ethologen gibt es allerdings unterschiedliche Meinungen dazu, ob das Gähnen nun ein aggressionsverhinderndes Signal ist oder nicht, wie auch der dänische Biologe Freddy Worm Christiansen in seinem Buch über Mythen und Fakten zum Thema Hunde- und Wolfsverhalten ausführt (3).

» Eine andere Verhaltensweise, die Aggression abblocken soll, ist das Gähnen. Wir wissen, dass Gähnen ansteckend ist. Dass es auch unter Hunden ansteckend wirkt, ist ein Beweis dafür, dass sie über aktive Spiegelneuronen in ihrem Gehirn verfügen (33). Das bedeutet auch, dass sie die Fähigkeit zu Empathie und Mitgefühl mit anderen Lebewesen haben, wofür es heute schon eine Fülle an Beweisen gibt (21).

Einfach woanders hinschauen, so als würde man das provokante Verhalten des anderen gar nicht bemerken, ist ebenfalls ein sehr wirksames Signal, das viele routiniertere Hunde gern einsetzen. Dieselbe Wirkung können sie erzielen, indem sie plötzlich völlig interessiert an einer Stelle am Boden schnüffeln. Das hat schon viele Hunde umgehend aus ihrem Drohverhalten geholt und zur Ruhe gebracht. Ich habe diese Methode auch selber schon bei aggressiven Hunden eingesetzt und einfach ein wenig am Boden gescharrt und eine Stelle intensiv betrachtet. Die Hunde legen dann sofort ihren aggressiven Fokus ab und kommen neugierig

» Das Schnüffeln kann auch als deeskalierendes Beschwichtigungssignal gezeigt werden.

herangelaufen, was denn da so interessant sein könnte. Dann bekommen sie ein paar Leberkekse von mir und von da an sind wir gute Freunde.

Ein weiteres Mittel, mit dem ein Hund das aggressive Verhalten eines anderen einschränken kann, besteht darin, einen Punkt in der Ferne zu fixieren und in diese Richtung zu bellen. Das funktioniert auch gut, wenn man erreichen will, dass einer etwas hergibt, zum Beispiel einen schmackhaften Knochen, an dem er gerade kaut. Denn üblicherweise lässt der Hund dann seinen Knochen liegen und läuft gleichfalls bellend in die Richtung, wo es offenbar etwas Interessantes zu entdecken gibt, bevor er bemerkt, dass er eben ausgetrickst wurde.

Da Aggression die Einheit der Gruppe bedroht, ist es von großer Bedeutung, Drohverhalten und Provokation auf möglichst viele Arten zu entschärfen. Das trägt dazu bei, die emotionalen und sozialen Bindungen zu stärken.

4. Aggressionsvermeidung innerhalb der Gruppe: Konfliktbewältigung

Wenn es zu einem Konflikt zwischen zwei Hunden kommt, dann hat das Auswirkungen auf alle Hunde in der Nähe. Das beginnt schon bei etwas Simplem wie zwei Hunden, die einander anstarren und sich mit drohender Körperhaltung voreinander aufbauen. Das zieht sofort Kreise wie ein Stein im Wasser. Die anderen Hunde eilen gleich zur Hilfe und versuchen, den Konflikt zu stoppen.

Ich war immer wieder Zeuge solcher Situationen. Einmal waren es zwei „Teenager", ein oder zwei Jahre alt, die sich in die Wolle geraten waren und einander nun mit steif nach oben gerichteter Rute anknurrten. Eine ältere Flat Coated Retriever-Hündin bemerkte das und kam wie ein Blitz angesaust. Sie schoss zwischen die beiden, so dass diese richtig auseinander gewirbelt wurden. Dann beschnüffelte sie beide mit freundlich wedelnder Rute.

Ein anderes Mal standen zwei junge Rüden ganz steif und mit hoch erhobener Rute einander gegenüber und starrten sich an. Es war ganz klar, dass im nächsten Moment eine Rauferei ausbrechen würde. Ein Border Collie sah das und fing an, wie ein Wirbelwind im Kreis um die beiden herumzulaufen. Die beiden Kontrahenten ließen sich durch dieses ausgeprägte Hüteverhalten so ablenken, dass sie ihre Meinungsverschiedenheit ganz vergaßen und die Auseinandersetzung abbrachen.

5. Vielfältige und aktive Kommunikation: Miteinander reden

Manchmal hat man den Eindruck, Hunde kommunizieren den ganzen Tag lang. Denken Sie nur daran, wie Ihr Hund sich Ihnen nähert und dabei die Ohren ein wenig nach hinten legt und die Nase hoch nimmt. Das ist bereits eine Botschaft. Die Rute scheint permanent auf Kommunikation geschaltet und die Vorderpfoten verwenden Hunde, um verschiedene Botschaften zu senden. Am auffälligsten ist aber wohl, wie sie mit ihren Augen sprechen, sei es nun mit einem fordernden

Starren oder durch ein Vermeiden des Blickkontaktes. Ich frage mich manchmal, was wir von dieser vielfältigen Kommunikation alles gar nicht mitbekommen oder missverstehen.

» Der intensive Blick dieses Hundes zeigt, dass er etwas mitteilen möchte.

Unser Hund Macho setzt sich manchmal plötzlich vor meine Füße und starrt mich an. Viele Hundehalter wissen vielleicht gar nicht, dass das ein Signal ist und sagen ihrem Hund stattdessen, er soll weg- oder auf seinen Platz gehen. Wir haben Macho beigebracht, dass er, wenn er sich so vor uns hinsetzt und wir dann „Zeig's uns" sagen, er uns zeigen soll, was er möchte. Dann springt er freudig auf: „Endlich verstehen sie mich!", und dann läuft er los und zeigt uns, was er möchte. Manchmal möchte er beschäftigt werden, dann läuft er in die Küche und stupst den Griff einer Schublade an, was heißt, dass er Leckerchen versteckt bekommen möchte. Wir legen die nämlich neben diversen Verstecken auch oft auf die Griffe von Schubladen. Ein anderes Mal kratzt er an dem Küchenschrank, in dem leere Dosen und Behälter aufbewahrt werden. Dann hätte er gerne, dass wir Leckerchen in die Dosen legen und er sie dann umwerfen und die Leckerchen herausfischen kann. Oder er stellt sich vor die Tür der Vorratskammer und starrt sie an oder kratzt ein wenig daran, dann wissen wir, er hätte gerne einen Kauartikel zu knabbern.

Hunde bitten sehr häufig um Hilfe. Sei es, dass ein Spielzeug unter dem Sofa unerreichbar ist oder dass die Wasserschüssel oder der Futternapf leer sind – oder es einen anderen Grund gibt. Diese Fähigkeit, um Hilfe zu bitten, ist etwas, was die Hunde von den Wölfen unterscheidet (31).

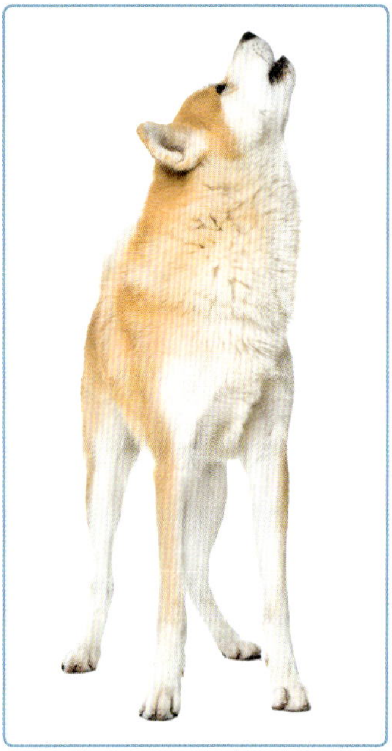

Weniger häufig kommt das Heulen beim Hund vor. Wenn er es tut, dann deswegen, weil er sich allein gelassen fühlt. Dann bekommen wir diese langgezogenen, traurigen Klänge zu hören, über die sich die Nachbarn gern beschweren. Das Heulen wird vom Gefühl der Einsamkeit ausgelöst und dient dazu, die anderen Mitglieder der „Familie" zurückzurufen. Es gibt daneben auch noch das liebeskranke Geheul des Rüden, der die läufige Hündin ruft, das ganz ähnlich klingt.

Ich konnte das Heulen schon öfter nutzen, wenn mich Menschen, deren Hund abgängig war, konsultierten und um Hilfe baten. Rund um Neujahr oder an Feiertagen, an denen Feuerwerke abgeschossen werden, laufen manche Hunde in Panik davon und trauen sich dann nicht mehr zurück nach Hause. Ein anderer Hund läuft vielleicht weg, weil er eine läufige Hündin in der Nase hat und wieder andere laufen beim Hundesitter weg und zurück nach Hause. Ein vermisster Hund wurde vielleicht an bestimmten Plätzen gesichtet. Wenn das der Fall ist, dann kann der Hundehalter schnell dorthin gehen und zu heulen beginnen. Oft genug führt das dazu, dass der Hund wieder auftaucht.

Einmal lief ein Harrier in einer meiner Kursstunden von der Gruppe weg, quer über eine Wiese und verschwand im Wald auf der anderen Seite. Ich bat die Kursteilnehmer darum, anzufangen zu heulen, was die nach einigem Zögern auch taten. Das steckte auch gleich alle Hunde an und schon bald heulte unsere Gruppe gemeinsam den Himmel an. Es dauerte nicht lange und der Hund kam zu uns zurückgelaufen. Als er vor seiner Halterin stehen blieb, sagte die etwas, was ich nie vergessen werde: „Das ist das erste Mal, dass ich ihn im Freilauf von vorne sehe."

Das sogenannte Chorheulen hat an sich eine etwas andere Bedeutung – es dient der Stärkung des Zusammenhalts und der emotionalen Bindung innerhalb der Gruppe. Es kann ausgelöst werden, wenn wir in der Dusche singen, ein Instrument spielen, das Martinshorn eines Einsatzfahrzeugs oder das Heulen anderer Hunde zu hören ist. Wölfe stimmen in gemeinsames Heulen ein, bevor sie zur Jagd aufbrechen oder sich als Rudel in Bewegung setzen. Dabei wedeln sie und laufen aufgeregt durcheinander. Sie haben offenbar ihre Freude am Gemeinschaftsgefühl, das dadurch entsteht, und die Beziehungen zueinander werden dabei gefestigt. Man geht davon aus, dass Wölfe einander am Heulen erkennen und auseinanderhalten können.

» Auch bei Hunden stärkt das gemeinsame Heulen den Zusammenhalt.

Wir legen dasselbe Verhalten an den Tag, wenn wir als Gruppe miteinander singen – sei es in einem Chor oder nur so zum Spaß bei einer Party. Dieses „Heulen" erfüllt bei uns denselben Zweck wie bei den Kaniden, es stärkt die Beziehungen und das Zusammengehörigkeitsgefühl.

6. Körperkontakt: Berührungen

Hunde berühren andere Hunde oder Menschen gern mit der Pfote. Sie verwenden dabei, je nachdem worum es gerade geht, auch unterschiedliche Druckstärken. Bei Wölfen ist das genauso. Man geht davon aus, dass sich dieses Verhalten aus dem Milchtreten der Welpen entwickelt hat. Schließlich stammen viele Verhaltensweisen aus der Welpenzeit.

Der Schnauzenkontakt mit dem Körper des anderen kommt bei Wölfen häufig vor, ist aber auch oft bei Hunden zu beobachten. Laut dem Wolfsforscher Erik Zimen nehmen Wölfe Körperkontakt über die Schnauze auf, wenn die Gruppe in Bewegung ist (42). Unsere Hunde machen in manchen Situationen etwas ganz Ähnliches. Wenn man gemütlich irgendwo sitzt oder fernsieht, spürt man die Hundenase an der Hand oder am Bein. Häufig kommt es auch zu dieser Art der Kontaktaufnahme, wenn man am Esstisch sitzt, wenn man zum Gassigehen aufbricht oder während des Spaziergangs.

Ich half einmal eine Weile einem Nachbarn, seine beiden Hunde auszuführen. Die nahmen im Lauf des Spaziergangs hin und wieder kurzen Schnauzenkontakt auf, vor allem dann, wenn ich aus irgendeinem Grund stehen blieb. Es war so, als wollten sie mich auffordern: „Los, komm weiter!" Auf unserer üblichen Strecke gab es eine T-Kreuzung, wo wir manchmal links und manchmal rechts abbogen. Das hing ganz davon ab, ob auf der linken Seite der Boxer, der uns immer heftig anbellte, wenn wir vorbeiliefen, draußen im Garten war – dann gingen wir lieber rechts lang. Vor der Kreuzung wurden diese Schnauzenkontakte häufiger gezeigt. Das fing etwa 30 Meter vor der Kreuzung an, steigerte sich, je näher wir kamen und hörte wieder auf, wenn wir uns dann für eine Richtung entschieden hatten.

Mich hat das immer fasziniert, genauso wie die vielen Gelegenheiten, bei denen ich plötzlich dezent die Schnauze einer meiner Hunde an meinem Bein oder an der Hand spürte. Es ist so eine einfache und doch so wirksame Art, Kontakt zu halten und die emotionale und soziale Bindung zu festigen.

7. Nähe und Körperkontakt: Intimität

Körperliche Nähe ist für Hunde ein heikles und oft schwieriges Thema. Ganz nah an den anderen heranzugehen und Körperkontakt aufzunehmen, wird nämlich auch dann verwendet, wenn ein Hund einen anderen provozieren will. Begleitet wird das von steifen Bewegungen, Drohgebärden, hoch aufgerichteter steifer Rute,

» Dieser Hund genießt den engen Körperkontakt zu seiner Halterin.

» Während einer Begegnung werden viele körpersprachliche Signale ausgetauscht.

einem hoch gehaltenen und etwas nach hinten genommenen Kopf mit gleichzeitig abgesenktem Kinn, damit ja das ganze Gesicht gut zu sehen ist, sowie leicht aufgestelltem Nackenfell und direktem Blickkontakt zum anderen Hund.

Da eine Annäherung auch als bedrohlich empfunden werden kann, ist es besonders wichtig, deutliche Signale zu verwenden, wenn die Annäherung an einen anderen Hund oder einen Menschen in friedlicher Absicht erfolgt. Besonders deutlich ist das zu sehen, wenn sich ein Rüde einem Weibchen in Paarungsabsicht nähert. Dabei kommt er näher und nimmt Körperkontakt mit einer Vorderpfote oder einem sachten Rempler auf. Seine Körpersprache ist dabei übertrieben auf Aggressionsvermeidung ausgerichtet, er wedelt aufgeregt mit der Rute, legt die Ohren ganz nach hinten, zieht die Mundwinkel weit zurück und gibt kleine Fieplaute von sich, die von tänzelnden Bewegungen begleitet werden.

Damit enger Körperkontakt möglich wird, müssen sich die beiden völlig vertrauen. Kommt es auf dieser Basis zu wirklich engem Körperkontakt, vertieft er dieses Vertrauen noch. Ganz ähnlich wie bei einem Welpen, der sich einem erwachsenen Hund, den er mag, anvertraut: die beiden liegen dann ganz entspannt aneinander geschmiegt. So wie Ihr Hund seine Backe an Ihr Knie schmiegt oder – wenn es ein kleiner Hund ist – sein ganzer Körper auf Ihnen liegt. Manchmal legt der Hund auch nur seinen Kopf auf Ihren Fuß oder hält mit irgendeinem Körperteil leichten Kontakt.

Ein Hund ist gerne, wo Sie sind – vor allem ein junger Hund. Je älter er wird, desto öfter wird man sehen, dass er sich zum Ruhen ein wenig zurückzieht, wobei er üblicherweise im gleichen Raum bleibt, in dem Sie sind. Bewegen Sie sich von einem Raum in den anderen, dann werden Ihnen die meisten jüngeren Hunde nachlaufen, weil sie mit Ihnen zusammensein wollen.

Dass jeder in der Gruppe dem anderen vertrauen, mit ihm kommunizieren und gut zusammenarbeiten kann, ist besonders wichtig beim Jagen und bei der Verteidigung nach außen.

» Nähe und Körperkontakt stärken ebenso wie das Bedürfnis, zusammenzusein, die Bindung zwischen einzelnen Lebewesen. Es dreht sich alles um den Aufbau von Vertrauen, damit die Gruppe gut zusammenarbeiten und die verschiedenen Herausforderungen des Lebens meistern kann.

8. Fürsorge und „Trösten": Empathie

Zuwendung und füreinander sorgen sind weitere Möglichkeiten, die Bindung zwischen einzelnen Gruppenmitgliedern zu stärken. Am deutlichsten ausgeprägt erleben wir das in der mütterlichen Fürsorge für die Welpen, man kann es aber auch oft zwischen erwachsenen Hunden oder zwischen Hunden und ihren menschlichen Familienmitgliedern beobachten.

Man muss allerdings zwischen Zuwendung und den aktiv submissiven Signalen, mit denen der Hund einem anderen Hund oder einem Menschen gegenüber seinen Respekt zum Ausdruck bringt, unterscheiden. Diese Form der Zuwendung und die Zuwendung beim „Umwerben", das einem anderen Hund oder einem Menschen gelten kann, müssen auseinandergehalten werden. Letzteres besteht aus einem sehr flüchtigen „Küsschen geben" oder Lecken und verfolgt aus offensichtlichen Gründen eine andere Absicht. Wenn die Zuwendung mehr der Fürsorge und der gegenseitigen Fellpflege dient, dann ist das Lecken viel langsamer und der Hund ist dabei viel entspannter.

» Dieser Hund drückt seine Zuneigung durch liebevolles Pflegeverhalten aus.

Früher dachte man, dass Hunde uns ablecken, weil sie den salzigen Geschmack unserer Haut mögen. Es handelt sich dabei aber vor allem um ein Zeichen der Zuwendung und Zuneigung. Es gibt eine interessante Theorie, die gerade untersucht wird. Sie besagt, dass ein Hund die Zuneigung umso mehr erwidert, je häufiger man mit ihm kuschelt. Eine kleinere, noch nicht veröffentlichte Pilotstudie weist in diese Richtung (20).

Diese gegenseitige Fürsorge würde ohne aktive Spiegelneuronen im Gehirn nicht funktionieren, die ja inzwischen auch bei Hunden nachgewiesen wurden. (Siehe auch weiter oben den Absatz über „Aggressionsvermeidende Signale und Verhaltensweisen"). Die Fähigkeit zur gegenseitigen Fürsorge erfordert auch eine gewisse Fähigkeit zur Empathie, die bei vielen Tierarten – von Elefanten bis zu Mäusen – bereits nachgewiesen wurde (6).

Das erklärt vielleicht auch, weshalb Ihr Hund darauf reagiert, wenn Sie traurig sind. Die meisten Hundehalter haben eine enge Beziehung zu ihrem Hund und erkennen es gleich, wenn er sie trösten will, weil sie traurig oder deprimiert sind, und dabei ihre Nähe sucht und ihnen folgt. In solchen Situationen zeigen sich viele Hunde besonders liebevoll und lecken auch häufiger.

Wie stark ausgeprägt dieses fürsorgliche Verhalten bei manchen Hunden sein kann, zeigt das Beispiel der portugiesischen Wasserhündin Kiara. Ihre Halterin leidet unter Schwindelanfällen, bei denen sie stürzt und nicht wieder aufstehen kann oder sogar ohnmächtig wird. Wenn das passiert, dann bleibt Kiara immer ganz nahe bei ihrem Frauchen, passt auf sie auf, hält sie warm und hilft ihr auf, wenn sie wieder das Bewusstsein erlangt. Ich bat Malin, mir die letzte solche Begebenheit zu schildern. Sie beschreibt:

„Erst vor ein paar Tagen hat sie mir geholfen, direkt vor unserem Sommerhäuschen im Stockholmer Schärengarten. Ich war gestürzt und konnte nicht aufstehen. Ich hatte mein Handy dabei und versuchte, meinen Mann zu erreichen, der aber leider nicht ans Telefon ging. Etwa 15 Minuten vergingen, Kiara rührte sich nicht von meiner Seite und wärmte mich mit ihrem Körper. Als ich versuchte, mich aufzusetzen, packte sie meinen linken Handschuh und zog an meiner Jacke. Zuerst verstand ich nicht, was sie da tat, doch dann wurde mir rasch klar, dass sie versuchte, mich hochzuziehen! Sie hatte meinem Mann dabei oft zugesehen, wenn er mir vom Boden aufhalf. Je mehr

» Meiner Erfahrung nach sind es gerade die Hunde, mit denen besonders nachsichtig umgegangen wurde und an die keine besonderen Anforderungen gestellt wurden, die das fürsorglichste und liebevollste Verhalten an den Tag legen. Hunde hingegen, die sehr streng geführt werden, zeigen dieses Verhalten weniger oft.

ich sie ermunterte, desto stärker zog sie mich und brachte mich damit näher an eine Felsspalte. Als ich diese erreicht hatte, konnte ich meine Füße reinstellen und sie half mir auf die Beine.

Als ich das letzte Mal die Treppe runterfiel und ohnmächtig wurde, legte sie sich ganz nahe an mich. Sie bleibt dann normalerweise so liegen, bis mich jemand findet, egal wer, sie weicht mir nicht von der Seite. Meine Kinder oder mein Mann müssen sie immer erst von mir wegholen. Wenn Kiara nicht angelaufen kommt, um sie zu begrüßen, dann wissen sie gleich, dass ich irgendwo ohnmächtig liege. Kiara ist für mich unschätzbar wichtig und ich brauche sie immer bei mir. Ohne Kiara könnte ich heute nicht so gut funktionieren, wie ich das tue – davon sind meine Ärzte und ich überzeugt."

9. Ansteckendes Verhalten, Rückhalt: „Mach's mir nach."

Viele Tiere reagieren auf ein Verhalten, das sie bei einem oder mehreren Familienmitgliedern sehen und lassen sich davon in ihrem eigenen Verhalten beeinflussen. Man kann das auch bei Vögeln beobachten, die alle hochfliegen, wenn einer es tut. Man nennt das allelomimetisches Verhalten – also dasselbe zu tun, was andere tun.

Wir sehen dieses Verhalten auch bei Hunden. Wenn Sie plötzlich loslaufen, wird sich Ihr Hund davon mitreißen lassen und hinterherlaufen. Wenn Sie zur Eingangstür stürzen, wird Ihr Hund Ihnen auf den Fersen folgen und bellen. Oft genug weiß der Hund gar nicht, warum er dabei bellt, er zeigt damit nur, dass er Ihnen Rückendeckung gibt, was immer Aufregendes auch gerade passieren mag. Aufregung ist nämlich ansteckend und überträgt sich auf den Hund.

» Ein plötzlich eingeleitetes Rennspiel animiert die Hunde zum Nachlaufen. Sind Mensch und Hund nicht miteinander vertraut, kann dieses Hinterherjagen zu Missverständnissen führen.

Der Jagderfolg hängt entscheidend davon ab, wie gut die Mitglieder einer Gruppe zusammenarbeiten können. Das ist auch dann wichtig, wenn es darum geht, gemeinsam das Revier zu verteidigen oder die Nachkommen großzuziehen. Allelomimetisches Verhalten ist ein wirksames Instrument, um den Zusammenhalt der Gruppe zu stärken und die emotionalen Bindungen zu vertiefen.

Die Neigung der Hunde, Verhalten nachzuahmen, ist Grundlage einer neuen Trainingsmethode, die als „Do as I do" oder auf deutsch als „Mach's mir nach" bekannt wurde. Dabei wird dem Hund eine Handlung vorgezeigt, die er anschließend nachmacht (11).

10. Koordination: Synchronisierung von Verhalten

Die meisten sozial lebenden Tiere synchronisieren ihr Verhalten. Das gilt in jedem Fall für wild lebende Kaniden, aber auch für unsere Haushunde. Es ist für das Überleben wichtig, dass alle in der Gruppe zur selben Zeit aktiv werden und zusammenarbei-

» Ein fein abgestimmtes und aufeinander bezogenes Verhalten aller Gruppenmitglieder ist entscheidend für den Erfolg.

ten. Das Zusammenspiel muss funktionieren, wenn man eine Beute stellt und sie erlegen will oder wenn man die Jungen gegen Feinde von außen verteidigt und sich zum Gegenangriff formiert.

In der Gruppe ruhen alle zur selben Zeit oder sind zur selben Zeit aktiv. Dadurch haben alle zur selben Zeit die gleiche Kraft und Energie zur Verfügung, was die Gruppe schlagkräftiger macht. Bei Hunden ist dieses Verhalten unübersehbar. Ihr Schlaf- und Wachrhythmus folgt ziemlich genau dem unseren – vorausgesetzt natürlich, wir kümmern uns ausreichend um sie.

Diese Synchronisierung des Verhaltens, die wir an unseren Hunden jeden Tag beobachten können, stärkt die Zusammengehörigkeit und macht das Zusammenleben leichter. Wenn wir ruhen, dann ruhen auch unsere Hunde. Wenn wir aktiv sind, dann ist es auch der Hund, zumindest, so lange er jung ist. Wenn ein Hund älter wird, dann verbringt er leider die meiste Zeit drinnen mit Schlafen und Ruhen – egal, ob wir gerade eine Aktivphase haben oder nicht –, solange wir ihn nicht dazu animieren, etwas zu tun. Dieses einhellige Zusammenspiel stärkt die Bindung zwischen Hund und Mensch. Wir wachsen zu einem gut funktionierenden Team zusammen wie in einer reibungslos zusammenarbeitenden militärischen Einheit oder einem produktiven Arbeitsteam in einer Firma.

11. Das Prinzip Familie: enge familiäre Bindungen

Viele wild lebende Raubtiere leben in Familienverbänden zusammen, die einen starken Zusammenhalt haben. Die verschiedenen Wolfsunterarten sind ein gutes Beispiel dafür. Ein Wolfsrudel besteht üblicherweise aus Mutter, Vater und den Nachkommen aus verschiedenen Jahren, die überlebt haben und sich entschieden haben, in der Familie zu bleiben. Die häufigste Rudelstruktur besteht aus den Elterntieren, den Jungtieren vom letzten Jahr und den Welpen von diesem Jahr. Auf diese Zusammensetzung trifft man am häufigsten, auch wenn andere eben-

» Ein Wolfsrudel besteht in der Regel aus einem Paar mit seinen Nachkommen.

falls vorkommen. Eine Wolfsfamilie ist also einer Menschenfamilie sehr ähnlich, sowohl in der sozialen Struktur als auch in ihrer Funktion (26).

Die Tiere in der Gruppe sind also alle miteinander verwandt, unterschiedlich alt und durch Bande verbunden, die von Anfang an da waren und ihnen auch ihre jeweiligen Rollen in der Gruppe zuschreiben. Die älteren Tiere sind weniger verspielt, sie haben viel Jagderfahrung und wissen, wie sich die Beutetiere verhalten werden, wo man sie antrifft und wie man sie überlistet. Die jüngeren Wölfe sind weniger jagderfahren, sie sind verspielter als die älteren und haben manchmal noch Probleme damit, ihre Energie im Zaum zu halten.

Ein erwachsenes Tier kann die Familiengruppe jederzeit verlassen. Wenn Konflikte aufkommen, bleiben diese deshalb nicht lange bestehen. Denn wenn es zu viel Streiterei gibt, wird früher oder später jemand die Gruppe verlassen, meist dann, wenn das Frühjahr kommt. Um diese Jahreszeit ziehen viele Zweijährige los, um einen Partner zu finden und ihre eigene Familie zu gründen. Wenn ihnen das nicht gelingt, können sie auch wieder in ihr Rudel zurückkehren. Man schätzt, dass rund 20 % der allein herumziehenden Wölfe in Nordamerika in bereits bestehende Rudel aufgenommen werden, meist aber werden Fremde eher vertrieben (2).

Wild lebende Wölfe unterscheiden sich in den drei oben genannten Punkten von jenen in Gefangenschaft. Ein Rudel wild lebender Wölfe besteht aus einer Familie mit Tieren unterschiedlichen Alters, die das Rudel jederzeit verlassen können, wenn sie das möchten. Aus genau diesem Grund ist es so schwierig, Wölfe in Gefangenschaft zu halten, ohne dass es zu Konflikten zwischen ihnen kommt – in Gefangenschaft kann nämlich niemand einfach abwandern, die Tiere stammen aus unterschiedlichen Familien und haben keine familiäre Bindung und sind überdies häufig ähnlich alt. Dazu kommt, dass ihnen das Futter bereitgestellt

wird und sie nicht die Möglichkeit haben, der Jagd nachzugehen, was sowohl für ihre Auslastung als auch den sozialen Zusammenhalt wichtig ist. Es ist gut nachvollziehbar, dass in Gefangenschaft lebende Tiere sich völlig anders verhalten als wild lebende. Man sollte sie daher nicht miteinander vergleichen oder mit demselben Maßstab messen (35).

12. Zusammenhalten in der Gruppe: Gemeinschaft

Der starke Wunsch, die Gruppe zusammenzuhalten, prägt das Verhalten der Hunde. Wenn eine Gruppe auseinandergerissen wird, dann verursacht das Anspannung und Stress. Man kann das schon beobachten, wenn ein Paar mit dem gemeinsamen Hund spazieren geht und dann plötzlich einer eine andere Richtung einschlägt. Der Hund wird darauf entweder aufgeregt reagieren und dem einen hinterher winseln oder aber, wenn er nicht angeleint ist, zwischen den beiden hin und her laufen. Ich habe auch schon mehrere Berichte gehört, bei denen der Hund versucht hat, die beiden wieder zusammenzutreiben. Es liegt auf der Hand, dass dieses Verhalten den Zusammenhalt und die Koordination in einer Gruppe stärkt und sich positiv auf die sozialen und emotionalen Bindungen innerhalb der Gruppe auswirkt.

Das ist auch der Grund, weshalb manche Hunde mit dem Alleinsein zu Hause solche Probleme haben. Die Gruppe ist auseinandergebrochen! Das löst Unruhe und Stress aus, da der Hund natürlich auch nicht loslaufen und sein Frauchen oder Herrchen suchen kann. Die Anspannung des Hundes kann sich auf unterschiedliche Arten ausdrücken, zum Beispiel durch Heulen und Bellen oder durch Zerstören von Dingen im Haus.

» Droht Gefahr, wird ein Muttertier seine Jungen verteidigen – sogar wenn es dabei Gefahr läuft, selbst verletzt oder getötet zu werden.

13. Die Welpen beschützen: Die Sorge um den Nachwuchs

Alle Tiere verteidigen ihren Nachwuchs, es handelt sich dabei um eine der stärksten Motivationen, die ein Mutter-, aber auch Vatertier haben kann. Eine Mutterhündin wird ihre Welpen mit aller Vehemenz verteidigen, wenn sie das Gefühl hat, dass ihnen Gefahr droht. Es gibt unzählige Berichte von plötzlicher Aggression bei Hündinnen und geht man den Dingen dann auf den Grund, handelt es sich oft um Fälle von Scheinträchtigkeit, bei denen sich die Hündinnen verhalten, als hätten sie Welpen – und sei es auch nur in Form eines Kuscheltiers oder eines Quietschspielzeugs.

In einer Familie mit einem neugeborenen Baby kommt es häufig vor, dass der Hund das Baby bewacht und beschützt, als wäre es ein Welpe. Das geschieht oft ganz unauffällig, zum Beispiel indem der Hund sich vor das Kinderbettchen oder den Kinderwagen stellt, wenn ein fremder Mensch näher kommt, um einen Blick auf das Baby zu werfen.

Gut auf die Jungtiere aufzupassen, ist für das Überleben eines Rudels, genauso wie für das Überleben der ganzen Spezies, von essentieller Bedeutung. Eltern investieren alles in ihre Nachkommenschaft, weil sie das genetische Erbe weiterträgt (4). Dies wird dadurch sichergestellt, dass die emotionalen Bindungen zwischen allen Tieren im Rudel stark und stabil sind und dass die Elterntiere elterliche Gefühle entwickeln. Gelegentlich kommt es vor, dass Muttertiere Welpen nicht als ihre eigenen anerkennen. Das kann zum Beispiel nach einem Kaiserschnitt (durch das mangelnd ausgeschüttete Oxytocin) oder nach einer Krankheit der Fall sein, aber auch dann, wenn die Mutterhündin selbst nicht liebevoll und fürsorglich aufgezogen wurde (27).

» Elternschaft und das Gefühl, zu einer Familie zu gehören, stärken die Gemeinschaft und tragen ihren Teil zu den Verhaltensweisen bei, die für Zusammenarbeit und Zusammenhalt wichtig sind. Unterstützt wird die optimale Sorge für den Nachwuchs durch die Ausschüttung bestimmter Neurotransmitter im Gehirn und durch Hormone.

14. Verletzte beschützen: gegenseitige Hilfe

Zahlreiche Studien haben nachgewiesen, dass Wölfe im Rudel füreinander sorgen und sich gegenseitig beschützen, ganz ähnlich wie wir Menschen das tun. Sie helfen jenen, die offenbar Schwierigkeiten haben, und beschützen sie. Zum Beispiel geriet ein Jungwolf in eine starke Strömung im Fluss und schaffte es aus eigener Kraft nicht mehr zurück ans Ufer. Ein älteres Rudelmitglied kam ihm zu Hilfe, sprang ins Wasser und stellte sich flussabwärts direkt neben ihn, um ihm Halt gegen die Strömung zu bieten. Der Jungwolf stützte sich dann auf den Körper des älteren, um wieder ans Ufer zu klettern (13).

Bei sozial lebenden Tieren scheint es üblich zu sein, dass man einen verletzten Freund beschützt. Als ich neun Jahre alt war, konnte

» Bei sozial lebenden Tieren ist es üblich, dass man einen verletzten Freund und den Nachwuchs beschützt.

ich das sogar bei den Rindern auf der Weide unseres Nachbarn beobachten. Eine der Kühe trug nach einer Operation einen Verband rund um den Bauch. Eine andere Kuh blieb die ganze Zeit direkt an ihrer Seite und hielt alle auf Abstand, die ihrer verletzten Freundin zu nahe kommen wollten. Das betraf sowohl die anderen Kühe als auch mögliche Raubfeinde. Ihre Instinkte ließen sich von der Tatsache, dass es auf einem Bauernhof heutzutage eher keine gefährlichen Tiere mehr gibt, nicht beirren. Der Bauer bestätigte, dass sich seine Kühe und Schafe immer so verhielten.

Ich habe Ähnliches auch immer wieder bei meiner Arbeit mit Hunden mit Problemverhalten angetroffen. Da wurden Besucher vom Hund des Hauses gestellt oder gebissen, weil diese einem Patienten in der Familie oder einem kranken Kind „Guten Tag" sagen wollten. Hunde verteidigten ihre Menschen sogar gegenüber vertrauten Nachbarn, nur weil sich die Halter zum Sonnenbaden in die Wiese gelegt hatten. In einem Fall bedrohte der Hund sogar den Ehemann, als der seiner Frau Kaffee ans Bett bringen wollte. Der Auslöser dafür war wohl jeweils die horizontale Lage des Menschen. Der Hund hört mit dem Verteidigen auf, sobald die Person sich aufsetzt oder aufsteht. So einfach lässt sich ein Problemverhalten manchmal lösen. Als die Frau sich im Bett aufsetzte, um ihren Kaffee in Empfang zu nehmen, hörte der Hund sofort auf zu knurren und die Zähne zu fletschen. Stattdessen wedelte er den verdutzten Ehemann freundlich an.

Der Schutz der Jungtiere und der Gruppenmitglieder verstärkt die Bindung innerhalb der Gruppe und macht einen Teil der Kooperation und der Gemeinschaft aus.

15. Die Mutter und ihre Welpen: „Mutterinstinkt"

Die engste emotionale Verbindung ist wohl die zwischen der Mutter und ihren Welpen. Auf beiden Seiten wird bei engem körperlichen Kontakt Oxytocin ausgeschüttet, vor allem, wenn die Welpen gesäugt werden, was wesentlich zum Entstehen der engen Bindung zwischen der Mutter und ihren Welpen beiträgt.

> » Manche Leute behaupten, dass eine Hundemutter ihre Welpen mit Härte und strenger Disziplin erzieht. Meist wird das als Begründung und Rechtfertigung dafür verwendet, selber mit dem Hund auch so umzugehen. Wir haben heute aber ausreichend viele Beweise dafür, dass dies falscher nicht sein könnte. Keine Tierart geht grob mit ihren Jungen um. Sie lernen vielmehr durch Erfahrung und durch ihre Eltern und die anderen Rudelmitglieder, die ihnen als Vorbild dienen.

Wenn ein Welpe entwöhnt wird und lernen muss, andere Nahrung als die Muttermilch zu sich zu nehmen, dann geht ihm die Mutter meist einfach aus dem Weg. Ist sie allerdings in einem Zwinger und kann nicht weg von den Welpen und ihrem

Fordern nach Muttermilch, dann knurrt sie sie schon mal an. Das wurde dann irrtümlich als „Erziehung" der Welpen interpretiert.

Studien haben gezeigt, dass der stärkste Antrieb im Leben die Sorge für die eigene Nachkommenschaft ist. Eine Ratte in einer Studie zum Beispiel nahm langes Schwimmen in tiefem Wasser und das Risiko zu ertrinken auf sich, nur um zu ihren Jungen zu gelangen. Dieselbe Anstrengung unternahm sie weder für Futter noch für ihren Paarungspartner oder für irgendetwas anderes.

Die Tatsache, dass so viele verschiedene Verhaltensweisen zusammenspielen, um die emotionalen und sozialen Bindungen zwischen den Mitgliedern einer Gruppe zu stärken, kann nur bedeuten, dass Zusammenhalt und gute Beziehungen untereinander für das Überleben von höchster Bedeutung sind.

KAPITEL 2

Sensible Beziehungen

Im Familienverband zu leben, ist eine Gruppenstruktur, die bei den meisten Wolfsunterarten vorkommt. Die Grauwölfe oder Timberwölfe wurden bereits sehr genau studiert, es gibt aber auch viele Untersuchungen an anderen Unterarten von Wölfen und an wild lebenden Hunden (9, 39). Diese Art von Gruppenstruktur ist für die Jagd und für die Verteidigung gegen gemeinsame Feinde sehr effizient, aber eine heikle Angelegenheit, wenn es um die Beziehungen innerhalb der Gruppe geht. Das Bedürfnis, sich einer Gruppe zugehörig zu fühlen, liegt auch unseren Haushunden in den Genen und zeigt sich täglich in ihrem Verhalten.

Wir können mit Sicherheit sagen, dass es zahlreiche Verhaltensweisen gibt, die darauf abzielen, die emotionale und soziale Bindung zu stärken. Besonders interessant ist der Vergleich mit der Zahl an Verhaltensweisen, die zu einem Bruch in der Grup-

pe führen können. Dabei wird ganz klar: Es gibt viele Verhaltensweisen, die die Einheit der Gruppe stärken, aber nur sehr wenige, die sie gefährden können.

Aggression innerhalb der Gruppe ist vermutlich das größte Risiko. Konflikte sind zwar selten, kommen aber natürlich auch unter wild lebenden Kaniden vor. Die häufigste Ursache dafür sind knappe Futterressourcen oder Konflikte um Paarungspartner.

Hungerperioden können im Winter vorkommen, wenn es schwierig ist, Nahrung zu finden. Bedingt durch den Hunger können dadurch Spannungen und Konflikte entstehen. Die Spannungen haben ihre Ursache aber auch in der geschwächten körperlichen Verfassung und Erschöpfung aufgrund der Unterernährung und der langen, kräftezehrenden Futtersuche.

Konflikte vor allem zwischen erwachsenen, sexuell aktiven Männchen treten häufig im Februar und März rund um die Ranzzeit der Weibchen auf. Zu dieser Jahreszeit kann es zu einigem Ärger im Rudel kommen oder sogar zu ernsthaften Kämpfen, wenn auch selten.

Die meisten Ethologen haben sich von der Vorstellung einer durch Kämpfe entstehenden Rangordnung schon lange verabschiedet. Die ganze Theorie der Rangordnung, wie sie in älteren ethologischen Werken noch vorkommt, wird inzwischen heftig in Zweifel gezogen (18). Es hat nichts mit Hierarchie zu tun, wenn Konflikte auftreten und normalerweise werden sie sehr rasch gelöst.

Aggression gegen Außenstehende kommt ebenfalls selten vor, tritt aber zum Beispiel dann auf, wenn die Reviere von zwei Wolfsrudeln so nahe aneinander liegen, dass sich Auseinandersetzungen nicht vermeiden lassen. Normalerweise halten Wolfsgruppen Abstand zueinander und haben so große Gebiete zur Verfügung, dass es kaum zu Grenzverletzungen kommt. Es gab sogar Beobachtungen von Wolfsrudeln, die sich an Reviergrenzen vollkommen friedlich trafen – beide Rudel hatten ein ausreichend großes Jagdgebiet mit entsprechend vielen Beutetieren. Es gab also keinen Grund, sich zu streiten.

Andere Formen der Bedrohung gehen von Raubtieren aus. Vielleicht wurde der Wolfsbau schlecht gewählt – und liegt zum Beispiel zu nahe an einer Bärenhöhle, dem Nest eines Raubvogels oder in der Nähe einer Großkatze wie dem Puma. Diese Risikofaktoren gefährden die Sicherheit der Jungen. Manchmal taucht ein Bär auch an der Stelle auf, wo Wölfe Beute gerissen haben – wobei üblicherweise der Bär gewinnt.

Mangelnder Jagderfolg kann zu einem erhöhten Konfliktpotential führen, teilweise wegen des Nahrungsmangels, aber auch durch die kräfteraubenden gescheiterten Jagdversuche. Das kann daran liegen, dass das Rudel zu klein ist, um größere Beutetiere gemeinschaftlich zu erlegen oder dass es zu wenig Beute gibt. Vor allem der Winter ist eine harte Zeit für Wölfe, sie müssen oft weite Strecken zurücklegen, um Beute zu finden. Die meisten Beutetiere sind große, starke und sehr wehrhafte Tiere. Bei der Jagd auf Elche zum Beispiel erlegen Wölfe nur in 5 bis 10% der

Fälle wirklich ein Tier (30). Im Tiefschnee unterwegs zu sein kostet viel Kraft, Wölfe laufen daher in einer Reihe hintereinander und treten mit der linken Pfote fast in dieselbe Spur wie mit der rechten. Diese Spuren sind so schmal und so genau ineinander gesetzt, dass es Spurensuchern nicht gelingt, daraus die Anzahl der Wölfe im Rudel abzulesen, solange die Wölfe nicht anhalten und sich verteilen (26).

Verletzungen sind eine viel häufigere Ursache für Spannungen und Konflikte. Ein Wolfsrudel führt ein hartes Leben, in dem es aus unterschiedlichsten Gründen zu Verletzungen kommen kann, am häufigsten geschieht das im Kampf mit Beutetieren. Es erfordert unglaubliche Konzentration und Schnelligkeit, scharfen Hörnern oder tödlichen Huftritten auszuweichen. Das Leben ist so hart, dass die wenigsten Wölfe älter als fünf oder sechs Jahre alt werden (7). Ein Tier, das nicht hellwach und auf der Höhe seiner Fähigkeiten ist, kann von einem sich wütend wehrenden Beutetier leicht verletzt werden.

Ein kranker oder verletzter Wolf ist leichter gereizt und lässt sich schneller provozieren. Er knurrt vielleicht einen anderen an, der ihm zu nahe kommt, ist weniger kommunikativ und nimmt am Spielen, der gegenseitigen Fellpflege, den Begrüßungsritualen oder was immer die anderen gerade tun wollen, nicht teil. Er zieht sich zurück und verhält sich unsozial. Tiere, die Schmerzen haben oder an einer Krankheit leiden, zeigen viele der Verhaltensweisen nicht mehr, die die emotionalen und sozialen Bindungen in der Gruppe stärken, was sich wiederum auf alle auswirkt.

Spannungen in der Gruppe können also aus unterschiedlichen Gründen entstehen und dann zu einem Stressfaktor werden, der sogar bis zum Auseinanderbrechen der Gruppe führen kann. Kleine und große Probleme können gleichermaßen negative Auswirkungen haben. Ein Wolfsrudel muss eine optimale soziale Interaktion pflegen, um gut zu funktionieren und nicht den Bestand des Rudels zu gefährden.

Konfliktlösung

Der Zusammenhalt der Gruppe ist also sehr wichtig, aber auch störungsanfällig. Damit das Wohlergehen oder gar der Fortbestand des Rudels nicht gefährdet wird, gibt es festgelegte Rituale, wie die meisten Probleme zu lösen sind. Diese Mechanismen kann man bei wild lebenden Kaniden, die in Familiengruppen leben, gut beobachten – so auch bei Wölfen.

Eine der am weitesten verbreiteten Methoden, einen Konflikt in der Gruppe zu lösen, besteht darin, dass jeder jederzeit die Möglichkeit hat, *die Gruppe zu verlassen*. Wenn ein Wolf sich mit den anderen nicht wohlfühlt und zu viele Konflikte auftreten, dann kann er sich dafür entscheiden, seine eigenen Wege zu gehen und sich lieber alleine durchzuschlagen, als Stress mit der Gruppe zu haben. Wenn es starke Spannungen zwischen einem Paar oder mehreren Familienmitgliedern gibt, dann führt das meist dazu, dass derjenige,

» Die Konfliktlösung eines Wolfes kann darin bestehen, dass er das Rudel verlässt und eigene Wege geht.

der am meisten darunter leidet, die Gruppe verlässt. Dabei kann es sich sowohl um Meinungsverschiedenheiten zwischen zwei Individuen als auch um permanente Kämpfe zwischen erwachsenen Männchen um läufige Weibchen handeln.

Geschlechtsreife Rüden verlassen ihre Familie im zeitigen Frühjahr, um eine Paarungspartnerin zu finden und eine eigene Familie zu gründen. Gelingt das nicht und finden sie kein passendes Revier, dann kann es auch sein, dass sie zu ihrer Herkunftsfamilie zurückkehren. Es gibt aber auch einzeln lebende Wölfe, die sehr große Gebiete durchstreifen (7).

Wölfe sind sehr wählerisch, mit wem sie eine Familie gründen, was vermutlich für die genetische Entwicklung der Spezies von Vorteil ist. Bei Hunden ist das ganz ähnlich. Eine Hündin kann selbst in der Stehzeit das eine Männchen abweisen und sich stattdessen lieber mit einem anderen paaren.

Ausweichen und jemandem aus dem Weg gehen, der schnell gereizt oder mit Drohungen reagiert, ist eine andere Möglichkeit, einen Konflikt zu vermeiden bzw. zu lösen. Wenn mehrere Tiere abweisendes oder gereiztes Verhalten gegen ein bestimmtes Individuum richten, dann verlässt dieses das Rudel vielleicht nicht, sondern bleibt auf Abstand am Rande des Rudels und wird zu einem „peripheren Mitglied".

Eine andere Form mit aufkeimenden Konflikten umzugehen, sind sehr deutliche *submissive Signale* und andere aggressionshemmende Zeichen. Am häufigsten wird die so genannte aktive Unterwerfung gezeigt, die ein Umwerben des anderen mit übertrieben unterwürfigen Signalen beinhaltet, wie ein Welpe sie zeigen würde. Die Übertreibung kann so weit gehen, dass die anderen von dem übereifrigen Maulwinkellecken und Küssen, Fiepen und Körperkontakt richtig genervt sind. Protestieren sie dagegen, dann wird der Unterwürfige leider nur noch submissiver.

» Je älter ein Wolf oder Hund ist, desto mehr Sozialkompetenz hat er in der Regel.

Je älter ein Wolf oder ein Hund ist, desto *mehr Sozialkompetenz* hat er. Souveräne, ausgeglichene Tiere mit einem hohen Maß an emotionaler Intelligenz und ausgeprägten sozialen Fähigkeiten können Unstimmigkeiten in der Gruppe beilegen. Das machen sie ohne irgendwelche Drohgebärden oder Einschüchterung. Die Ruhe, die sie ausstrahlen, genügt vollauf.

KAPITEL 3

Stress

Eine Stressreaktion ist eine normale physiologische Reaktion, die dazu dient, eine momentan schwierige Situation zu bewältigen. Der Körper holt sich hierfür zusätzlichen „Brennstoff" aus verschiedenen Speichern. Die Lungen arbeiten verstärkt, um mehr Sauerstoff bereitzustellen. Blut wird umverteilt und aus dem Magen oder der Haut in die Muskeln transportiert und das Herz pumpt vermehrt. Das Herz versorgt die Muskeln mit mehr Blut, die durch die erhöhte Versorgung mit Blutzucker, Fett und Sauerstoff leistungsfähiger werden.

Diese heftige physische Reaktion zehrt an den Reserven des Tieres. Es ist daher anschließend eine relativ lange Ruhephase notwendig, damit sich der Körper regenerieren kann. Man muss sich dabei unbedingt vor Augen halten, dass das Stressgeschehen dem Tier dazu dient, ein momentanes Problem zu bewältigen. Dabei kann es darum gehen, einer Bedrohung zu entkommen oder vor einer akuten Gefahr zu fliehen. Es kann auch sein, dass es auf etwas anderes reagieren muss, das in diesem Moment gerade zusätzliche Energie und Kraft kostet (19).

Säugetiere haben diese zusätzliche Energie deswegen nicht immer frei zur Verfügung, weil sie dazu einen dauernden Nachschub an zusätzlichem „Brennstoff" in Form von Nahrung brauchen würden. Ein Mensch oder ein Raubtier müsste sonst dauernd Nahrung aufnehmen. Wir sind allerdings für eine Lebensweise ausgelegt, bei der Nahrung oft auch knapp sein kann. Daher lagern wir Nährstoffe in Speichern wie dem Blutzucker in der Leber und Fettgewebe im Körper ein.

Sozialer Stress

Als sozialen Stress bezeichnet man Frustrationen oder Spannungen, die ihre Ursache in lang anhaltenden sozialen Belastungen oder unnatürlichen Bedingungen haben. Typisch für diese Art Stress ist, dass der Stresspegel hierbei eher niedrig und nicht mit so deutlichen Stressreaktionen verbunden ist wie bei starken

» Konflikte verursachen Stress und der führt zu weiteren Konflikten. Aus diesem Teufelskreis muss schnellstens ein Ausweg gefunden werden.

Stressauslösern. Vielmehr sind es hier ein oder mehrere schwächere Stressauslöser, die zu Frustration oder Spannungen führen.

Sozialer Stress dauert über einen längeren Zeitraum an und zermürbt das Nervensystem, so wie Wassertropfen mit der Zeit den Stein aushöhlen. Dazu kommt, dass die Belastung für das Tier häufig auftritt oder sogar dauernd besteht und daher keine ausreichende Erholung stattfinden kann.

Sozialer Stress ist etwas Unnatürliches – unter wild lebenden Tieren kommt er gar nicht vor. In einer Gruppe wird jeder schwelende Konflikt rasch beendet. Wenn die Gefahr besteht, dass er länger anhält, wird ein Tier dem jeweiligen Aggressor gegenüber ausreichend submissives Verhalten zeigen, um den Konflikt zu beenden, oder aber die Gruppe verlassen.

Wir müssen zwischen „natürlichem" und „unnatürlichem" Stress unterscheiden. „Natürlicher" Stress ist eine Reaktion, die bei der Bewältigung eines akuten Problems hilft. „Unnatürlicher" oder „abnormaler" Stress ist die Folge von lang anhaltendem Stress, der zur Belastung für das Tier wird. Ich bezeichne das meistens als „sozialen Stress", weil üblicherweise der Stress seine Ursache im sozialen Umfeld hat.

Der Unterschied zwischen normalem und sozialem Stress ist also:

NORMALER STRESS	SOZIALER STRESS
• entsteht bei akutem Problem	• niederschwellig und anhaltend
• Erholung findet statt	• keine Erholung

Wenn irgendwelche Umstände nicht dem artgemäßen Normalverhalten des Tieres entsprechen, dann entsteht niederschwelliger und anhaltender Stress, so zum Beispiel, wenn sich zwei Hunde in einer Familie nicht vertragen, wenn ein Hund zu lange allein gelassen wird oder seine Halter ihn häufig anbrüllen und strafen. Hunde, die von uns Menschen abhängig sind, reagieren häufig auf dieselben Stressursachen wie wir. Nicht jede einzelne davon muss eine große Belastung ausmachen, aber alle zusammen genommen erzeugen Stress und dessen Symptome.

» Harte Worte, den Hund emotional nicht an sich heranlassen oder andere autoritäre Maßnahmen, die den Hund auf Abstand halten, erzeugen einen Zustand, der massiv vom natürlichen Verhalten des Hundes abweicht, den für ihn so wichtigen Gruppenzusammenhalt herzustellen.

Unlösbar

Viele von den Bewältigungsmechanismen, mit denen Wölfe in einem Rudel mit Schwierigkeiten fertig werden, stehen dem Hund nicht zur Verfügung. Ein Hund kann seine Familie nicht einfach verlassen und seine submissiven körpersprachlichen Signale werden vom Menschen häufig nicht verstanden und funktionieren daher nicht. Manche Menschen missverstehen diese Signale gar als „schlechtes Gewissen" beim Hund, was voraussetzen würde, dass ihm klar ist, was er getan hat und warum er nun bestraft wird. Viele eher autoritär eingestellte Halter legen ihren Hunden gegenüber einen Kommandoton an den Tag, statt einfach normal mit ihnen zu reden.

Wenn das angeborene Bedürfnis nach freundschaftlichen Beziehungen nicht erfüllt wird, dann wirkt das lange nach und kann eine Belastung über mehrere Jahre darstellen. Dauernde Konflikte und Spannungen drohen die emotionale Bindung zwischen den einzelnen Gruppenmitgliedern zu zerstören. In einem Rudel wild lebender Kaniden würde dies zu viel Energie verbrauchen, die man eigentlich für die Jagd und den Schutz des Rudels braucht (28). Die Gemeinschaft und die Zusammenarbeit im Rudel wären gefährdet, es könnte sogar das Auseinanderbrechen oder das Ende der Gemeinschaft bedeuten.

» Auch bei Kindern führt Stress zu emotionalen Ausbrüchen – meist gegenüber gleichaltrigen oder schwächeren.

Kommt es zu anhaltenden Konflikten oder nicht artgemäßen Lebensbedingungen, dann führt das zu sozialem Stress. Es handelt sich dabei um sehr ernst zu nehmenden Stress, vielleicht sogar den schlimmsten überhaupt (32). Das trifft übrigens auch auf den Menschen zu. Die besonders schädliche Auswirkung von sozialem Stress kommt daher, dass er über einen langen Zeitraum anhält, dem natürlichen Verhalten widerspricht und keine Erholungsphasen möglich sind. Nach einiger Zeit führt das zu immer stärker werdenden physischen und psychischen Symptomen, bis fast alle körperlichen und geistigen Systeme nicht mehr normal funktionieren können.

Merkmale von sozialem Stress:

- *Er ist niederschwellig.* Es geht also nicht um traumatische Einzelerlebnisse, sondern um eine andauernde Anspannung, wenn etwa der eine Hund im Haushalt den anderen dauernd anknurrt und anfletscht, sobald ihm dieser etwas näher kommt.

- *Er ist lang anhaltend.* Der Auslöser von sozialem Stress ist permanent da und zehrt über einen langen Zeitraum hinweg an den Kräften, bevor man Veränderungen am Tier bemerkt. Gelegentliche Einzelereignisse haben hingegen keine nachhaltige Auswirkung auf das Nervensystem oder das Verhalten.

» Die Gefangenschaftshaltung von so vielen Tieren auf so engem Raum erzeugt extrem hohen Stress.

- *Er ist unnatürlich.* Sozialen Stress findet man unter wild lebenden Tieren nicht. Sie lösen stressige Situationen instinktiv auf. Sozialer Stress kommt hingegen bei Tieren in Gefangenschaft und auch bei Haustieren häufig vor, die ihre Lebensumstände nicht selbst beeinflussen können.

- *Es gibt wenig oder keine Erholungsphasen.* Sozialem Stress kann man kaum entkommen, weil der Auslöser permanent vorhanden ist. Ein Hund kann beispielsweise nicht die Familie verlassen, wenn ein anderer ihn ständig bedrängt oder wenn die Halter sehr autoritär mit ihm umgehen.

- *Er wirkt sich mit der Zeit negativ auf den Serotoninhaushalt im Gehirn aus.* Dies tritt typischerweise nach einem traumatischen Erlebnis auf, wie einem schlimmen Schock; es scheint aber auch die Folge von lang anhaltendem, niederschwelligem sozialem Stress zu sein – es dauert nur länger, bis die Wirkung eintritt. Es gibt sehr wirksame Methoden, wie man den Serotoninspiegel ausgleichen kann, um Verstimmungen, ängstlicher Anspannung und Aggression entgegenzuwirken (19). Das hilft aber natürlich wenig, wenn die Stressursachen weiter bestehen bleiben.

- *Nach längeren Stressperioden kommt es zu einem dauerhaft erhöhten Pegel des Stresshormons Cortisol*, das oft als das „negative Stresshormon" bezeichnet wird, weil es mit Stimmungsschwankungen, Anspannung und manchmal sogar Depression in Zusammenhang gebracht wird (10, 36).

- *Die Auswirkungen von anhaltendem sozialem Stress verschlimmern sich.* Anfangs mag es nur lästig sein, wie eine Fliege, die einem um den Kopf schwirrt. Im Lauf der Zeit wird die Belastung aber schlimmer und spürbarer und nach einiger Zeit treten deutlich wahrnehmbare Symptome auf. Je länger ein Tier diesem Stress ausgesetzt ist, desto länger muss die Ruhe- und Erholungsphase danach sein, bis es wieder symptomfrei ist. War ein Hund ein Jahr lang Anspannung, Konflikten und Stress ausgesetzt, so braucht er danach viele Monate Ruhe und Konfliktfreiheit ohne diese Art von Stress, um sich vollständig erholen zu können.

• *Sozialer Stress führt zu emotionaler Erschöpfung oder dem so genannten „Burn-out-Syndrom".* Dieses stresstypische Syndrom trifft jeden gleichermaßen, egal ob Mensch oder Tier. Es zeigt sich nur je nach Tier oder Spezies auf unterschiedliche Art und Weise.

Häufige Ursachen von sozialem Stress bei Hunden

Niederschwelliger Stress kann von verschiedenen Dingen ausgelöst werden. Wie lange es dauert, bis sich Auswirkungen im Verhalten zeigen, hängt vom einzelnen Hund, von der Rasse und von der Stressanfälligkeit des Individuums ab. Ein psychisch robuster Hund oder Mensch kann anhaltendem Stress länger ausgesetzt sein, während ein sensibleres Naturell schneller Zeichen emotionaler Erschöpfung entwickelt. Wenn Sie zum Beispiel mit Ihrem Hund vor einem Wettbewerb täglich Obedience trainieren, wird er nach einiger Zeit keine guten Leistungen mehr bringen, weil er schlichtweg überfordert ist.

Man darf eines nicht vergessen: Wie schnell sozialer Stress entsteht und wie groß die dadurch hervorgerufenen Schäden sind, hängt von der Summe aller Stressfaktoren ab. Ein Hund kann, wie wir auch, einen einzelnen Stressfaktor eine bestimmte Zeit lang wegstecken, ohne dadurch Schaden zu nehmen. Je mehr Stressfaktoren aber zusammenkommen, desto schneller setzt emotionale Erschöpfung ein.

Die wichtigsten Faktoren, die einen Hund belasten, sind:

Konflikte in der Gruppe und distanzforderndes Verhalten und Signale

Es ist völlig normal, wenn zwei Wölfe in der Natur oder Hunde im selben Haushalt mal Streit haben. In freier Natur kann es eine Kabbelei um ein Stück Fleisch sein, wenn Nahrung gerade knapp ist. Hunde hingegen streiten sich vielleicht um einen Knochen. Auch ein Hundehalter, der sich ärgert, weil sein Hund Joggern hinterher jagt und ihn deshalb schimpft, löst deshalb nicht gleich sozialen Stress aus, denn solche Vorkommnisse sind Einzelereignisse, die üblicherweise keinen bleibenden Schaden verursachen, sondern rasch wieder abklingen.

» Distanzfordernde Signale zeigen dem Gegenüber, wo die eigene Grenze ist. Nur selten kommt es dabei zu Verletzungen.

Kommt es jedoch häufig oder gar täglich zu Konflikten, sieht die Sache ganz anders aus. Wenn zwei Wölfe mehrfach pro Woche um Futter raufen, dann führt das zu Stress. Genau dasselbe ist der Fall bei zwei Hunden im selben Haushalt, die sich nicht vertragen. Wenn ein Hund dauernd auf der Hut sein muss, um sich zu wehren oder zu attackieren, und wenn jedes Mal, wenn der andere in der Nähe ist, Stress ausgelöst wird, dann entsteht dadurch sozialer Stress. Die Situation wird so belastend, dass dringend etwas unternommen werden muss.

Wenn der auffällig abwehrbereite Hund an Schmerzen oder einer Krankheit leidet, dann lässt sich das Problem vielleicht durch einen Besuch beim Tierarzt und der Behandlung/ Ausheilung der gesundheitlichen Probleme lösen. Das war bei zwei kleinen Hunden der Fall, die sich immer gut verstanden hatten, aber eines Tages ohne ersichtlichen Grund richtig Krach miteinander bekamen. Es

» Wenn Hunde, die sich normalerweise so gut verstehen wie diese beiden, vermehrt streiten, können Krankheit und/ oder Schmerzen die Ursache sein.

stellte sich heraus, dass einer der beiden unter einer Ohrinfektion litt. Nach der Behandlung kam alles wieder in Ordnung und die beiden Hunde waren wieder beste Freunde.

Ganz ähnlich ist es, wenn ein Halter seinen Hund dauernd korrigiert, straft und anschreit oder sonstiges übertrieben strenges Verhalten an den Tag legt. Ein Beispiel dafür wäre ein Mensch, der immer im Kommandoton mit dem Hund spricht, distanzfordernde Körpersprache und Signale wie „Geh weg!", „Böser Hund!" oder „Halt die Klappe!" verwendet. All das führt zu sozialem Stress. Autoritärer Umgang mit dem Hund und ebensolche Trainingsmethoden stehen immer im Zusammenhang mit Problemverhalten bei Hunden (1, 22, 24, 25, 34).

Krankheit und Schmerzen, eingeschränkte Sinnesleistungen

Ein Hund, der unter Schmerzen, eingeschränktem Sehvermögen oder Problemen mit dem Gehör leidet oder dem es einfach gerade nicht gut geht, wird dadurch in seinem Leben so eingeschränkt, dass daraus Stress entstehen kann. Die meisten Hunde ordnen plötzlichen akuten Schmerz völlig anders ein als Menschen. Hunde assoziieren den Schmerz mit der Person oder dem Umstand, der gerade am präsentesten ist. Wenn Sie zum Beispiel einem Hund unabsichtlich wehtun oder ihn erschrecken, dann kann es sein, dass er anfängt, sich vor Ihnen zu fürchten. Ein Mann ging einmal mit seinem Hund auf dem Bürgersteig spazieren, als eine Dachlawine aus Schnee und Eis herunterkam und auf den Hund fiel. Der Hund schrie vor Schreck und Schmerz auf. Nach dem Vorfall hatte er plötzlich Angst vor seinem Halter. Eine Labradorhündin, die ausgebildete Rettungshündin war, war beim Training auf einem

Hindernis-Parcours. Sie sprang von einer hohen Barriere herunter und landete dabei so unglücklich, dass sie sich die Vorderpfote verstauchte. Es dauerte über einen Monat, bis sie ihrem Halter wieder so weit vertraute, dass sie sich ihm gegenüber nicht dauernd submissiv verhielt.

Wenn zwei Tiere nicht gut verträglich sind und es täglich aggressive Zwischenfälle gibt, dann wird das zu einer massiven Belastung. Solches Verhalten kann unterschiedliche Ursachen haben, meist aber hat es bei Hunden, die zusammenleben, mit Schmerzen zu tun, vor allem bei älteren Hunden, oder solchen mit eingeschränkter Seh- oder Hörleistung. Wenn beide Hunde völlig gesund sind (man also nicht eine eventuelle Krankheit ausheilen kann), dann besteht die beste und fairste Lösung für die beiden Hunde darin, dass man für den leichter vermittelbaren, also meist den jüngeren, ein gutes neues Zuhause sucht.

» Eingeschränkte Sinnesleistungen können dazu führen, dass ein Hund mit Drohsignalen Abstand fordert.

» Nicht jeder Hund fühlt sich in einer Hundetagesstätte wohl, manche bleiben Außenseiter.

Häufige Veränderungen der Bezugsgruppe

Hunde, die mehrfach das Zuhause wechseln mussten, entwickeln mit der Zeit Symptome von sozialem Stress. Meist ist es für einen Hund kein großes Problem, wenn er irgendwann im Leben mal in ein neues Zuhause kommt. Je öfter das aber passiert, desto schwieriger wird es für den Hund.

Probleme kann es auch geben, wenn man seinen Hund untertags in eine Hundetagesstätte gibt, weil er dann zwei Bezugsgruppen hat und zwei Familien, zu denen er Beziehungen aufrechterhalten muss. Wenn es eine sehr gute Betreuungsstätte mit nicht zu vielen Hunden ist, gibt es aber meist kein Problem.

Große Bezugsgruppe mit vielen Mitgliedern

Manchen Menschen reichen ein oder zwei Hunde nicht, sie wollen lieber mehrere. Vielleicht deswegen, weil sie Hunde einfach lieben, aber vielleicht auch, weil ihnen nicht klar ist, wo ihre Grenzen

» Schlittenhunde werden oft in so großen Gruppen und auf so engem Raum gehalten, dass sich Auseinandersetzungen häufen.

und die der Hunde liegen. Manche brauchen vielleicht mehrere Hunde, um ihrem Hobby oder ihrem Broterwerb nachzugehen, wie zum Beispiel Züchter.

Wenn jemand Schlittenhunde hält, um damit an Wettbewerben teilzunehmen oder Schlittentouren anzubieten, dann hat er meist so viele Hunde, dass diese in Zwingern gehalten werden müssen. In solchen großen Hundegruppen kommt es oft zu Konflikten. Den Hunden fehlt es häufig an ausreichender Auslastung und geistiger Beschäftigung, insbesondere im Sommer, wenn sie nicht vor dem Schlitten laufen. Man muss wissen, dass diese Hunde genau dieselben Bedürfnisse nach Nähe und Kontakt zum Menschen haben wie alle anderen auch. Durch ihre Erfahrungen in der frühen Sozialisationsphase sind sie für die Nahrungsbeschaffung und für ihre Auslastung auf den Menschen angewiesen. Sie brauchen also mindestens eine lange „Kuscheleinheit" pro Tag, damit ihre völlig berechtigten Bedürfnisse abgedeckt sind.

Eine Hundetagesstätte mit zu großen Gruppen ist ein Beispiel dafür, wie sozialer Stress entstehen kann. Im schlimmsten Fall kommen auch oft neue Hunde dazu. Wenn es zu viele Hunde und zu wenig Betreuungspersonal gibt, kommt es unweigerlich zu einer ganzen Reihe von distanzfordernden Verhaltensweisen, weil ein guter Teil der Hunde nicht so viel Aufmerksamkeit und Sozialkontakt bekommt, wie sie brauchen würden. Andere Hunde können das meist nicht abdecken. Menschen sind deswegen für Hunde so wichtig, weil sie eine Art Elternrolle einnehmen (18). Wenn einer der Mitarbeiter mit mehr als zwei oder höchstens drei Hunden spazieren geht, zählt das ebenfalls zu jenen Dingen, die zu sozialem Stress führen können. Dann gibt es keine individuelle Beziehung mehr und der einzelne Hund bekommt zu wenig Aufmerksamkeit. Werden größere Hundegruppen ausgeführt, dann kann man oft sogar beobachten, dass die Betreuer nicht einmal mehr stehen bleiben, wenn ein Hund schnüffeln oder pinkeln möchte, und dieser dann gezwungen ist, mit der Gruppe weiterzulaufen.

» Bei der Auswahl einer Tagesbetreuung sollte darauf geachtet werden, dass die Hunde in kleinen Gruppen gehalten werden und sich untereinander gut verstehen.

Hundetagesstätten sollten nur Kleingruppen mit konstanter Zusammensetzung anbieten, in die höchstens hin und wieder ein neuer Hund integriert wird. Die Hunde sollten die Möglichkeit zu körperlicher und geistiger Beschäftigung haben, damit sich kein Stress und keine Spannungen aufbauen. Wenn rundum zu viel Trubel herrscht, dann kann der Stress auch in diese Aktivitäten umgelenkt werden. Selbstverständlich muss ausreichend Betreuungspersonal vorhanden sein, damit auch jeder Hund genügend Aufmerksamkeit bekommt.

Unnatürliche Lebensbedingungen

Hunde sind genetisch auf eine bestimmte Lebensweise programmiert, in der sie mit einer stabilen Bezugsgruppe und in einem Gebiet, das Schutz vor Eindringlingen bietet, zusammen leben. Im Unterschied zu ihren Verwandten, den Wölfen, akzeptieren Hunde Besuche von freundlichen Fremden – egal ob von Menschen oder Hunden – aber durchaus.

» Mehr als ein paar Stunden allein zu sein, ist für einen Hund etwas Unnatürliches.

Mehr als ein paar Stunden allein zu sein, ist für einen Hund etwas Unnatürliches und wird schnell zu einem Stressfaktor, wobei der Stress sich oft durch Heulen oder Zerstören von Dingen im Haus äußert. Sperrt man den Hund in eine Box, um das zu verhindern oder den Schaden gering zu halten, dann grenzt das an Tierquälerei. Zu denken, man könne dem Hund das Alleinbleiben beibringen, indem man ihn in einen anderen Raum sperrt, während man weg ist, ist ebenfalls verkehrt. Leider wird dieser Ratschlag immer noch erteilt, sogar von so genannten Hundeexperten. Allein die Tatsache, dass der Hund eingesperrt ist, kann den Stress sogar noch erheblich steigern. Die beste Lösung wäre es, jemanden zu finden, der sich tagsüber um ihn kümmern kann, oder ihn – falls das nicht klappt – in einer wirklich guten Hundetagesstätte unterzubringen.

Einen Hund von seiner Familiengruppe zu isolieren, indem man ihn draußen in einen Zwinger sperrt, an ein Seil anbindet oder ihn drinnen wegsperrt, ist für Hunde so unnatürlich, dass es innerhalb kürzester Zeit zu Stress führt. Hunde, die man in den Zwinger sperrt, bellen meist viel, manchmal sogar dauernd, bis sie irgendwann einmal einfach aufgeben und still sind. Das ist nichts anderes als ein Fall von erlernter Hilflosigkeit (37).

Wie alle anderen Tiere muss auch ein Hund sich frei bewegen können und Auslauf bekommen, um sich wohl zu fühlen. Wenn ein Hund nicht seine täglichen langen Spaziergänge bekommt, dann kommt das Tierquälerei gleich, weil es zu Muskelabbau, Gewichtszunahme und gesundheitlichen Problemen führt. Nicht nur die

Muskeln wollen beschäftigt werden, auch das Gehirn braucht Auslastung. Intelligente Tiere wie Hunde brauchen für das Überleben die Möglichkeit, ihre geistigen Fähigkeiten anwenden zu können. Ein inaktives Gehirn hört auf sich zu entwickeln und verliert sogar an Gewicht.

Häufige schlechte Erfahrungen

Manche stressauslösenden Ereignisse kommen so häufig vor, dass der Hund Unbehagen oder Angst erlebt, ohne ausreichend Zeit zur Erholung dazwischen zu haben. Zu solchen Ereignissen zählen Feuerwerk, Schüsse und andere laute Geräusche und auch Begegnungen mit Menschen oder Hunden, vor denen er sich fürchtet. Treten solche negativen Erlebnisse häufiger auf, dann fängt der Hund allmählich an, die gesamte Welt als einen potentiell gefährlichen Ort wahrzunehmen, mit der Zeit wird er immer angespannter sein und immer mehr Symptome von sozialem Stress zeigen.

Konflikte und Streitigkeiten in der Familie können ebenfalls ein Stressfaktor sein, vor allem, wenn sie häufig vorkommen. Hunde reagieren sehr empfindlich auf verärgerte Stimmen, wie sie bei einem Streit vorkommen. Das regt den Hund stark auf, er fängt an, submissives Verhalten zu zeigen oder zieht sich zurück. Wenn es eine lautstarke Meinungsverschiedenheit gibt, sollten Sie diese deshalb nicht in Anwesenheit Ihres Hundes ausdiskutieren.

Posttraumatische Belastungsstörung (PTBS)

Hunde erleben viel häufiger, als man denkt, einen schweren Schock. Das kann von einem stark traumatisierenden Erlebnis bis zu kleineren Schockerfahrungen alles Mögliche sein; es resultiert aber immer in psychischer Belastung. Man schätzt zum Beispiel, dass etwa die Hälfte aller Hunde im städtischen Gebiet Angst vor Feuerwerk hat. Rechnet man dann noch all die anderen Dinge im Leben hinzu, die für einen Hund unangenehm, erschreckend und stressig sind, dann ist leicht nachvollziehbar, dass posttraumatische Belastungs-

» Haben die Halter Streit, belastet dies auch den Hund, der sprichwörtlich zwischen den beiden sitzt.

störungen (PTBS) auch bei Hunden häufig vorkommen (19). Beim Hund führen sie dazu, dass er unter erhöhter Anspannung steht, sehr geräuschempfindlich ist, sich bei unerwarteten Ereignissen rasch erschreckt und generell so reagiert, als stünde unmittelbare Gefahr bevor – der Hund nimmt eine „pessimistische" Erwartungshaltung ein.

Misshandlung als Stressfaktor

Misshandlung durch andere Hunde oder Menschen, vor allem durch Familienmitglieder, stellen einen massiven Stressfaktor dar. Bedenkt man, wie viele Verhaltensweisen und Signale in einer Bezugsgruppe der Stärkung des Zusammenhalts und der sozialen und emotionalen Bindung zwischen den Gruppenmitgliedern dienen, dann wird rasch klar, warum das so ist. Diese vielen Verhaltensweisen und körpersprachlichen Signale gäbe es nämlich nicht, wenn gute Beziehungen innerhalb der Gruppe nicht so wichtig wären.

> » Das bedeutet, dass sämtliche Formen der Bestrafung oder des harten Umgangs im Training, vom auf den Boden drücken oder auf den Rücken drehen (auch als „Alpha-Wurf" bekannt), über Schläge, Leinenrucke, Tritte oder die Verwendung von Stachel- oder Würgehalsbändern, zu Schmerzen und zu Angsterlebnissen führen (1)!

Strafe und Dominanz sind gegen die Hundenatur

Sozialer Stress kann von einer lauten Stimme ausgelöst werden, wenn der Hund zum Beispiel angeschrieen oder in einem herrischen Tonfall herumkommandiert wird. Hunde erkennen anhand unserer Stimme, in welcher Stimmung wir sind. Man kann sehr gut beobachten, wie sich die Körperhaltung des Hundes verändert, wenn wir die Stimme erheben. Wenn wir häufig verärgert oder herrisch klingen, dann führt das zu einer niederschwelligen Stressbelastung des Nervensystems, die der Wirkung von Mobbing gleichkommt.

Viele Menschen werden ärgerlich, wenn ihr Hund nicht sofort gehorcht und nehmen das persönlich. Manche haben ganz strenge Regeln, nach denen der Hund unter allen Umständen zu gehorchen hat. Wenn sie zum Beispiel ihren Hund heranrufen, dann hat der ihrer Meinung nach sofort mit allem aufzuhören, was er gerade tut und zu seinem Menschen zu rennen. Natürlich muss der Hund prompt gehorchen, wenn Gefahr droht, bei allen anderen Gelegenheiten darf er sich aber ruhig auch ein wenig Zeit lassen. Manchmal kommt es einem so vor, als ob der Mensch Angst davor hat, sein Gesicht zu verlieren, wenn er einen Moment auf seinen Hund warten muss – und deswegen wird er laut und schreit. Er geht nicht wirklich auf seinen Hund ein. Angemessener wäre es, ihn fertig schnüffeln zu lassen und ihn dann freudig zu begrüßen, wenn er kommt.

» Das Markieren gehört zu den normalen, artspezifischen Verhaltensweisen, die nicht unterbunden werden sollten.

Menschen mit strengen Erziehungsprinzipien sind schlechte Hundehalter

Distanzforderndes Verhalten

Früher war es üblich, Hunde durch die Anwendung von psychologischer Stärke zum Gehorsam zu bringen (8). Um ihre Dominanz über den Hund zu beweisen, haben Menschen verschiedene psychologische Waffen eingesetzt, wie zum Beispiel:

- Der Hund darf erst nach dem Menschen essen.
- Der Hund wird nicht begrüßt, wenn man heim kommt.
- Der Hund darf nicht so oft pinkeln, wie er möchte, sondern nur zum Entleeren der Blase.
- Der Hund darf nicht auf das Sofa oder ins Bett.

- Der Hund darf nicht als Erster durch die Tür, wenn man raus geht.
- Jedes Knurren, Zähnefletschen oder Schnappen wird sofort bestraft.
- Jedes Zerrspiel gewinnt immer der Mensch.
- ... und weitere.

» All diese vom Menschen aufgestellten Regeln sind für einen Hund völlig unnatürlich und daher auch unverständlich. Manche dieser Praktiken können psychisches Leiden und/ oder eine Entfremdung auslösen. Diese Erziehungsmaßnahmen sind vom natürlichen Verhalten von Hunden so weit entfernt, dass sie in Wirklichkeit nur zu einem Ergebnis führen, nämlich das Vertrauen zwischen Mensch und Hund völlig zu zerstören. Die Hunde werden passiv und zeigen eventuell sogar Zeichen von erlernter Hilflosigkeit (37).

Zu viel Arbeit und zu wenig Erholung

Häufig haben Hunde so wenig Beschäftigung, dass sie unterfordert sind, weil vielen Haltern nicht bewusst ist, dass die pflichtbewusst absolvierten kurzen Spaziergänge nicht reichen, um ihrem Hund genug körperliche Bewegung und geistige Anregung zu bieten.

Andererseits gibt es viele Hunde, die sowohl körperlich als auch geistig völlig überlastet sind. Schlittenhunde werden sowohl für die Arbeit als auch für Wettbewerbe bis an ihre Grenzen und darüber hinaus belastet. Hunde von Sicherheitsdiensten werden zu intensiv eingesetzt, müssen dauernd arbeiten und bekommen nicht ausreichend viele Ruhephasen.

» Steht der Hund im Dienst des Menschen, muss darauf geachtet werden, dass er hierbei nicht überfordert wird.

Immer mehr Hunde verrichten Arbeitsleistungen für den Menschen. Schon lange wurden Hunde vom Militär oder im Polizeidienst eingesetzt, aber heute übernehmen immer mehr Hunde auch Arbeiten außerhalb dieser Einsatzgebiete. Hunde werden wegen ihrer guten Nase zum Beispiel als Spürhunde verwendet und erschnüffeln Schimmelbefall in Gebäuden oder sie helfen als Rettungshunde mit, verschüttete Menschen zu finden oder man setzt sie ein, um ein verwundetes Tier zu finden. Das alles sind sehr anstrengende und geistig ermüdende Tätigkeiten, die lange Erholungsphasen nach dem Einsatz brauchen. Meiner Erfahrung nach werden sowohl Schimmelspürhunde als auch Rettungshunde nach 20 bis 30 Minuten sehr müde und brauchen eine Pause, die mindestens einige Stunden andauern sollte, damit sie sich von einem harten Arbeitseinsatz wieder völlig erholen können.

Mit so genannten Therapiehunden Alten- oder Pflegeheime zu besuchen, ist ebenfalls sehr populär geworden. Es sind sehr so-

» Der Hund im Einsatz für den Menschen ist eine große Hilfe, darf aber nicht ausgenutzt werden!

ziale Hunde, die auch auf fremde Menschen freudig zugehen und sich streicheln und knuddeln lassen. Wir erleben inzwischen aber immer öfter Fälle, bei denen ein solcher Hund plötzlich seine Aufgabe nicht mehr wahrnehmen kann. Er ist schlicht überarbeitet oder – um es korrekter zu beschreiben – „übernutzt" (41). Die Hunde werden gezwungen, viel zu viele Stunden an viel zu vielen Tagen pro Woche zu arbeiten. Manche Experten warnen sogar davor, dass selbst der ganz normale Familienhund durch überehrgeizige Halter zu stark beansprucht wird (32). Es ist entscheidend, die richtige Balance zwischen zu viel und zu wenig Auslastung und Beschäftigung zu finden.

Der Hund im Einsatz für den Menschen ist eine große Hilfe, darf aber nicht ausgenutzt werden!

Symptome von sozialem Stress

Es gibt viele verschiedene Symptome, die auf sozialen Stress beim Hund hindeuten, sie unterscheiden sich wenig von denen beim Menschen. Die häufigsten sind hier aufgelistet.

Passivität

Eines der deutlichsten Zeichen von sozialem Stress ist ein Hund, der passiv wird. Das hat seinen Grund darin, dass der Stress dem Tier sehr viel Energie raubt. Es reagiert zuerst mit erhöhter Aufmerksamkeit und Alarmbereitschaft sowie wesentlich heftiger als üblich auf normale Anforderungen und auf stressige Situationen. Die Passivität danach verhilft dem Hund nicht nur zur nötigen

Ruhe und Erholung, sondern ermöglicht ihm auch, sich weiteren Konfrontationen zu entziehen. Er flüchtet sich regelrecht in seine Passivität.

Leider ist vielen Hundehaltern das passive Verhalten ihres Hundes sowohl im Haus als auch draußen gar nicht als Problem bewusst, sondern durchaus angenehm. Ein Hund, der im Haus rumläuft, wirft vielleicht mal was um, läuft einem vor die Füße oder hinterlässt seine Spuren auf dem Teppich, was manche Menschen sehr stört. Sie sagen dann: „Nein, sei ruhig! Geh auf Deinen Platz!" Und ein derart strenges Regiment drückt ebenfalls auf das Gemüt des Hundes und lässt ihn noch passiver werden.

Weniger Erkundungsverhalten, weniger Neugier

Neugier und Erkundungsverhalten nehmen in Folge von sozialem Stress allmählich ab oder verschwinden ganz. Man kann das sowohl bei Menschen, die unter sozialem Stress leiden, als auch bei depressiven Personen beobachten. Das Phänomen tritt auch

» Zeigt ein Hund deutlich passives Verhalten, wirkt er in sich gekehrt und reagiert er nicht mehr auf die Ereignisse im Haus, braucht er Hilfe.

im hohen Alter auf, beim Menschen ebenso wie beim Hund, häufig im Zusammenhang mit einer geriatrischen Depression.

Wenn das Ganze zu weit geht, dann entwickelt sich aus der Passivität eine Art psychische Abkapselung ähnlich einer Introvertiertheit. Der Hund wirkt sehr nach innen gekehrt und reagiert auf normale Ereignisse im Haus gar nicht mehr. In der weiteren Entwicklung kann der Hund richtig apathisch werden, ein Zustand, der im Prinzip der erlernten Hilflosigkeit recht nahe kommt (37).

» Überschießende Reaktionen sind ein deutliches Anzeichen für Stress und so gesehen ein Ruf nach Hilfe.

Erhöhte Emotionalität

Stress erhöht die geistige Alarmbereitschaft. Wir haben es mit einer Anspannung in Folge einer erhöhten Aktivität der Alarmsysteme im Gehirn, vor allem der Amygdala (12), zu tun, zu der ein Ungleichgewicht zwischen den Neurotransmittern Serotonin und Noradrenalin sowie eine erhöhte Produktion des Stresshormons Cortisol zusätzlich beitragen (19).

Das führt dazu, dass das Tier intensiver und emotionaler auf alles reagiert, was ihm begegnet. Angemessene, ausgewogene und überlegte Reaktionen werden verdrängt und weichen emotionalen Reaktionen wie Vorsicht, Angst, Unterwürfigkeit, Reizbarkeit, niedriger Toleranz gegenüber Bedrohlichem, Angst vor Neuem, vor lauten Geräuschen, vor Stress und Sonstigem im Umfeld des Hundes.

Aggression

Aggression gegen andere Hunde ist eine häufige Folge von lang anhaltendem sozialem Stress, wobei manche Rassen besonders betroffen sind. Besonders oft ist das der Fall, wenn der Halter übertrieben streng ist oder wenn der Hund mit fremden Artgenossen ohnehin nur bedingt verträglich ist (23). Man kann zum Beispiel oft beobachten, dass Hunde in dysfunktionalen Familien oder aus Haushalten mit Drogenproblemen Aggression gegenüber anderen Hunden und fremden Menschen zeigen. Berichte in Zeitungen und Polizeiberichte bestätigen das häufig.

Angst

Die durch Stress erhöhte Emotionalität führt häufig zu Angst. Besonders typisch ist Geräuschempfindlichkeit, insbesondere die Angst vor Feuerwerk, Schüssen und Krachern. Der Hund reagiert unmittelbarer und heftiger auf ein plötzliches Geräusch und schreckt wie vom Blitz getroffen noch in der Sekunde zusammen, in der das Geräusch auftritt, egal ob es ein lauter Knall war oder ob nur irgendetwas zu Boden gefallen ist.

» Übertriebene Ängste und Schreckhaftigkeit resultieren manchmal aus einer völligen Überforderung.

Neophobie

Neophobie ist ein weiteres Phänomen, das mit der erhöhten Alarmbereitschaft und der höheren Emotionalität des Hundes in Zusammenhang steht. Der Hund reagiert auf neue Situationen und Begegnungen mit Unbekannten mit großer Anspannung. Feste Rituale und Tagesabläufe tun einem solchen Hund gut.

Verhaltensprobleme

Bei länger anhaltendem sozialem Stress treten verschiedene Verhaltensprobleme beim Hund auf (1, 23, 25, 34). Dazu können Trennungsangst, übermäßiges Bellen, hyperaktives Verhalten oder Ressourcenverteidigung gehören.

Geschwächtes Immunsystem

Gestresste Hunde leiden häufig auch an einem geschwächten Immunsystem, was verschiedene Infektionen zur Folge haben kann. Stress kann auch zu gravierenden Magenproblemen führen.

» Ein durch Stress geschwächtes Immunsystem kann Ursache für unterschiedliche Krankheiten sein.

» Liebevolle Zuwendung und ein freundlicher Umgang machen den Hund glücklich und geben ihm Sicherheit.

Auf die Summe der Stressfaktoren kommt es an

Was für jede Art von Stress gilt, gilt auch für sozialen Stress: Von der Summe der Stressfaktoren hängt es ab, wie hoch die Belastung für das Tier ist. Je mehr Stressauslösern der Hund ausgesetzt ist, desto größer ist die Belastung.

Wenn es in einer Gruppe häufig zu Konflikten kommt oder die Familie zu hohe Anforderungen an den Hund stellt, dann kann das Stress auslösen. Wenn der Umgang mit dem Hund auf Strafe beruht, sehr autoritär und kontrollfixiert ist, und/ oder wenn der Hund Schmerzen hat, häufig negative Erfahrungen macht, in unnatürlichen Lebensumständen lebt oder Schockerlebnisse durchlebt hat – dann wird es dem Hund in Summe zu viel. Unter solchen Bedingungen werden die Stresssymptome rascher auftreten und stärker ausfallen.

KAPITEL 4

Von Natur aus freundlich

Die sozialen Beziehungen in einer Gruppe müssen so gut wie möglich sein, weil dadurch das Überleben am besten gesichert wird. Konflikte und Spannungen haben also keinen Platz in der Gruppe und bei deren Aktivitäten. Man könnte daher sagen, dass Hunde genauso wie ihre Vorfahren von Natur aus und auf Grund ihres genetischen Erbes freundlich im Umgang miteinander sind. Jene Tiere, die sich am besten in der Gruppe bewähren, überleben und können ihr Erbe an die Nachkommen weiter geben. Gruppen, in denen zahlreiche interne Konflikte auftreten, überleben dagegen nicht.

Hält man sich das wahre Wesen des Hundes vor Augen, so wird klar, dass man auch als Halter gefordert ist, freundlich mit dem Hund umzugehen. Autoritares Training führt nachweislich zu Konflikten, es wirkt wie Aggression und führt daher zu sozialem Stress.

» Normalerweise sind Hunde von Natur aus freundlich miteinander.

Die negativen Auswirkungen beeinträchtigen die Beziehung des Hundes zu seinem Menschen und können Verhaltensprobleme auslösen (1, 24, 25, 34).

Distanzreduzierendes Verhalten stärkt die emotionalen Bindungen und die Beziehungen innerhalb des Wolfsrudels und erhöht damit ihre Chance, bei der Jagd und bei der Verteidigung des eigenen Territoriums erfolgreich zu sein. Das erhöht unter den schwierigen Lebensbedingungen, unter denen wild lebende Wölfe meist nur fünf oder sechs Jahre alt werden, die Überlebenschancen (7).

» Wie bereits erwähnt, sind Hunde von Natur aus freundlich und pflegen ihre Sozialbeziehungen, eine Eigenschaft, die sie von ihren Vorfahren, den Wölfen, geerbt haben (29). Umgekehrt heißt das auch, dass jede Art von Konflikt, Anspannung, Aggression oder distanzvergrößerndem Verhalten sich nachteilig auswirkt. Alle Formen von freundlichem Verhalten und Zuwendung sind nicht nur natürlich und positiv, sondern sogar notwendige Voraussetzung, damit die Gruppe zusammenbleibt und gut zusammen arbeitet.

Menschliches Verhalten

Man weiß sehr genau, dass manche Arten, mit dem Hund umzugehen, sich negativ auf sein Wohlergehen auswirken können. Das kann alles Mögliche beinhalten, von zu wenig körperlicher Auslastung bis hin zu tierquälerischen Handlungen – zum Beispiel einen Hund über längere Zeit in einer Box einzusperren oder ihn lange alleine im Auto zu lassen. Zuhause sollte man einen Hund nie in eine Box sperren, schon gar nicht einen Welpen!

Stress beim Hund muss mit verschiedenen Faktoren in Zusammenhang gebracht werden, zum Beispiel mit Verhaltensproblemen, Erkrankungen oder übertrieben unterwürfigem Verhalten. Sie alle zeigen einen Mangel in der emotionalen Sicherheit und dem sozialen Wohlbefinden des Hundes an. Die unten angeführten Faktoren stammen aus meiner Abschlussarbeit in Psychologie (14, 22) und haben sich als hoch bedeutsam erwiesen.

» Manche Hunde sind temperamentvoller und bewegungsfreudiger als andere – das muss bei Haltung und Erziehung berücksichtigt werden.

Temperament

Als Temperament bezeichne ich in diesem Zusammenhang die Energie, die Spielfreude und die Anpassungsfähigkeit des Hundes. Ersthundehalter haben oft einen weniger lebhaften und verspielten Hund als erfahrene. Das liegt daran, dass sich viele von ihnen von Hundeexperten beeinflussen lassen, die ihnen zu einem strengen und harten Umgang mit dem Hund raten. Ein lebhafter Hund, der an der Leine zieht, Menschen anspringt oder häufig bellt, erregt damit den Unmut seiner Menschen, was rasch dazu führen kann, dass ein unerfahrener Halter noch strenger wird und den Hund straft. Das führt allerdings dazu, dass dieser in Folge passiv wird, was dann fälschlicherweise als erfolgreiches Trainingsergebnis angesehen wird.

Erfahrene Hundehalter sehen vieles in der Diskussion um hartes versus sanftes Hundetraining deutlich kritischer. Sie sind meist viel positiver eingestellt, ermuntern den Hund lieber und entscheiden sich für Erziehungskurse, in denen mit sanften Trainingsmethoden gearbeitet wird, so dass sie am Ende einen lebhafteren und spielfreudigeren Hund haben.

Die Einstellung zum Hund

Ich habe anhand von Hunderten von Fragebögen und über viele Jahre hinweg die Feststellung gemacht, dass Menschen mit einer „sanften" Einstellung mit ihren Hunden erfolgreicher sind. Damit meine ich, dass sie mit ihnen besser zurechtkommen als Menschen mit einer emotional distanzierteren und strengeren Einstellung zu ihrem Tier, die meist auch strengere Regeln aufstellen, was der Hund darf und was nicht.

Man kann heute jedenfalls mit Sicherheit sagen, dass Hundehalter, die ihrem Hund mehr Freiraum lassen, ihn mehr akzeptieren, wie er ist, oder ihn sogar verwöhnen, weniger Probleme mit ihm haben. Jene hingegen, die eine strenge, kontrollierende und autoritäre Einstellung vertreten, haben Hunde mit mehr Verhaltensproblemen.

Hunde, die psychischer Misshandlung ausgesetzt waren, wie zum Beispiel solche aus dysfunktionalen Familien, zeigen häufiger Verhaltensstörungen. Die schlimmste und allem Anschein nach leider auch häufigste Kombination sind sozial dysfunktionale Menschen, die sich große Hunde zulegen, die als Schutz- oder Kampfhunde gezüchtet wurden. Sehr häufig sind diese Hunde mit psychischer und körperlicher Gewalt zu unberechenbarem aggressivem Verhalten trainiert worden.

Alter

Jüngere Menschen haben offenbar öfter einen Hund mit Verhaltensproblemen, vor allem mit Aggressionsproblemen gegenüber anderen Hunden. Das könnte daran liegen, dass jüngere Menschen eher anfällig sind für Druck aus ihrem Umfeld. Wenn jüngere Hundehalter mit ihrem Tier unterwegs sind, das sie offenbar nicht ganz unter Kontrolle haben, dann nehmen sie sich missbilligende Blicke und Reaktionen aus ihrer Umgebung und Ratschläge, mit dem Hund doch strenger zu sein, eher zu Herzen. Mit einem Hund gerät man schnell in eine Situation, die einem unangenehm oder pein-

» Ältere Menschen gehen die Hunderziehung meist gelassener an als jüngere.

lich ist und jüngere Menschen sind vermutlich empfänglicher für falsche Ratschläge von Erwachsenen. Wenn ihr Hund ein wenig aufdreht und stürmisch ist, bekommen sie zu hören: „Zeig ihm, wer das Sagen hat!", „Lass ihn damit nicht durchkommen!" oder „Dem musst Du mal zeigen, wer der Boss ist!" – alles sehr fragwürdige und kontraproduktive Ratschläge.

Frauen und Männer

Männer haben häufiger Hunde mit Verhaltensproblemen als Frauen, vor allem wenn es sich um Aggressionsprobleme gegenüber anderen Hunden handelt. Eine Erklärung könnte sein, dass Männer oft von Natur aus etwas autoritärer im Auftreten sind. Dabei zeigt sich allerdings wieder einmal, dass ein harter Umgang und Strenge dem Hund gegenüber zu Verhaltensproblemen führen können, selbst dann, wenn sie eigentlich wegen eines Problems eingesetzt werden. Aber natürlich gibt es auch sanft mit Hunden arbeitende Männer und Frauen, die sehr rüde mit ihnen umgehen.

Hier noch einmal ein Beispiel, weshalb das Arbeiten über Druck und Zwang in der Regel zu mehr Problemen führt: Wenn ein Hund beim Auftauchen eines anderen in die Leine springt und zerrt, dann wird er über Druck zwar vielleicht kurz sein Verhalten unterdrücken und ruhiger wirken, hat aber natürlich nicht gelernt, mit anderen Hunden verträglich zu sein. Wird der Hund dagegen mit freundlicher Stimme angesprochen und vielleicht mit einem leckeren Happen leicht abgelenkt oder für ruhiges Verhalten belohnt, dann ist es viel wahrscheinlicher, dass er andere

Hunde zu akzeptieren lernt, auch wenn es vielleicht ein wenig länger dauern mag.

Hundeerfahrung

Ob jemand bereits viele Hunde hatte, scheint weniger wichtig zu sein, als die Art der Hundebeziehungen, die diese Person hatte. Wenn man bereits mit früheren Hunden Probleme hatte, und zwar egal welche, dann ist das Risiko viel höher, auch wieder Probleme mit dem jetzigen Hund zu haben.

Das beweist einmal mehr, dass ein großer Teil der Verhaltensprobleme vom Halter ausgelöst wird. Entscheidend ist, wie mit dem Hund umgegangen wird. Man kann daher nicht dem Hund die Schuld geben, wenn etwas schief läuft. Auch hier zeigt sich wieder, dass man die Natur des Hundes berücksichtigen und ihn daher freundlich behandeln sollte.

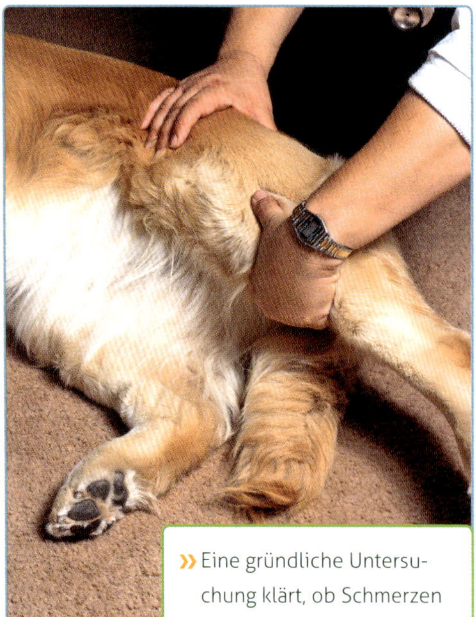

» Eine gründliche Untersuchung klärt, ob Schmerzen die Ursache für Verhaltensprobleme sind.

Allerdings können wir die Schuld auch nicht nur dem Halter geben, wenn Verhaltensprobleme auftreten. In manchen Fällen liegt das Problem durchaus beim Hund. Bei zahlreichen aggressiven Hunden sind Schmerzen und Krankheiten nämlich die Hauptursachen für ihre Verhaltensauffälligkeiten. So hat sich bei einer Studie zu Rückenproblemen beim Hund herausgestellt, dass drei Viertel aller aggressiven Hunde Probleme mit der Halswirbelsäule oder mit dem Rücken haben. Ihr Verhalten verbessert sich nach einer physiotherapeutischen Behandlung

» Bei der Mehrhundehaltung sollte auf eine harmonische Zusammenstellung geachtet werden.

manchmal wesentlich (15). Eine andere häufige Ursache für Verhaltensprobleme sind posttraumatische Belastungsstörungen.

Mehrhundehaushalt

Das Risiko, dass es zu Verhaltensproblemen kommt, ist weniger groß, wenn man nur einen Hund hat, als wenn man mehrere Hunde hält. Besonders beim Aggressionsverhalten unter Hunden trifft das zu. Mehrere Hunde schließen sich zusammen und geben sich gegenseitig Rückhalt. Hat man Hunde unterschiedlichen Geschlechts in der Gruppe, dann verteidigen eventuell die Rüden die Hündinnen gegen andere Rüden.

Es kommt auch vor, dass Hunde ihren Rückhalt von Familienmitgliedern beziehen und wir Menschen unbewusst ihr Verhalten bestärken. Wenn der Hund ein unerwünschtes Verhalten zeigt, wenn er zum Beispiel bei Hundebegegnungen in die Leine springt, dann fühlt er sich durch die Spannung auf der Leine und unsere aufgeregte und laute Stimme womöglich bestärkt in seinem Verhalten. Genauso werden Polizeihunde ja auch auf „Schärfe" trainiert. Die Stimme zu erheben, an der Leine zu ziehen oder zu reißen oder gar den Hund mit Schlägen zu bedrohen, ist das Schlimmste, was man bei Aggression tun kann. Den Hund zu beruhigen und abzulenken funktioniert wesentlich besser. Am besten arbeitet man in so einem Fall mit einem Hundepsychologen, erfahrenen Trainer oder einem Verhaltensberater einen vernünftigen Trainingsplan aus, wie der Hund vom aggressiven Verhalten wieder runterkommt.

Einsamkeit

Wenn ein Hund die meiste Zeit des Tages alleine verbringen muss, dann ist das Risiko, dass er Problemverhalten entwickelt, groß. Da Hunde sehr soziale Lebewesen sind, ist das auch leicht nachzuvollziehen. Die Gruppe bedeutet für den Hund Stärke und Sicherheit, Schutz und Jagderfolge, Freundschaft, Spiel und so viel mehr.

» Gemeinsamkeit verbindet und lässt echte emotionale Nähe entstehen.

Die angeborenen Verhaltensweisen, die Hunde zur Stärkung der emotionalen und sozialen Beziehungen in der Gruppe einsetzen, zeigen deutlich, wie wichtig die Gemeinschaft mit anderen für sie ist. Schön ist das auch bei Welpen und jungen Hunden zu beobachten, die uns an den Fersen kleben, wo immer wir auch hingehen.

Es geht dabei nicht nur darum, jemanden in der Nähe zu haben. Die Hunde passen sogar ihr Verhalten an unseres an. Für uns heißt es zu verstehen, dass fast alles, was der Hund tut, von uns abhängt. Er bleibt passiv und wartet darauf, dass wir eine Handlung beginnen. Ein Hund fängt sehr selten etwas von selbst an. Vielleicht beginnt er, an einem Spielzeug oder einem Knochen zu kauen, aber insgesamt wartet er im Wesentlichen darauf, dass wir vom Sofa aufstehen und etwas tun und dann folgt er uns dabei. Das zeigt, dass der Hund uns braucht, um aktiv werden und seine Energie nutzen zu können; man könnte sagen, der Hund „lebt durch uns“. Wir sind also viel mehr als bloß Gesellschaft.

Strafe

Wie erwähnt kommen mehrere Studien zu dem Ergebnis, dass Strafe mit Problemverhalten im Zusammenhang stehen kann. Bei einer Untersuchung konnte ich nachweisen, dass vor allem ein Zusammenhang mit Aggressionsverhalten gegenüber anderen Hunden besteht (14).

Es stellt sich nun die Frage, warum gerade Aggression so stark mit Strafe zusammenhängt. Ich persönlich glaube, dass das nicht nur daran liegt, dass schlechte Behandlung den Hund stresst, sondern dass es noch einen weiteren wichtigen Faktor gibt: Hunde lernen nämlich durch Vorbilder. Man geht zum Beispiel davon aus, dass Hunde rund 30 % ihres Verhaltens von der Mutter übernehmen, man spricht vom so genannten „Muttereffekt" (27).

Ich erinnere mich an eine Familie mit einer Deutschen Schäferhündin, die auf andere Hunde ziemlich aggressiv reagierte. Trotz meiner Einwände nahmen sie noch einen Welpen derselben Rasse

dazu. Die ältere Hündin war dem Welpen gegenüber von Anfang an sehr nett, verteidigte ihn allerdings heftig gegen andere Hunde und attackierte diese dabei sogar. Als der Welpe ein Jahr alt war, erkrankte die Hündin plötzlich und verstarb unerwartet. Die junge Hündin legte nun dasselbe Verhalten an den Tag, das die alte Hündin gezeigt hatte, und stürzte auf andere Hunde los, allerdings nach einem anderen Muster. Sie attackierte erst und lief dann hin, um den anderen Hund freudig zu begrüßen und wollte mit ihm spielen. Sie hatte also nur das Verhalten der alten Hündin übernommen, hatte aber selber keine aggressive Motivation.

Für unsere Hunde sind wir die Vorbilder. Wenn wir uns also unserem Hund gegenüber aggressiv verhalten, dann besteht das Risiko, dass er dieses aggressive Verhalten übernimmt. Dass er diese Aggression dann in erster Linie gegen andere Hunde richtet, liegt vor allem daran, dass es viel einfacher ist, diese zu provozieren oder zu bedrohen. Menschen sind zu stark und mächtig und haben eine andere Körpersprache, um nur einige Unterschiede herauszugreifen.

» Ein entspannter und freundlicher Umgang mit dem Hund fördert dessen Gelassenheit und Selbstvertrauen.

„Normale" Strafe hat keine positive Wirkung, wenn es darum geht, dass der Hund etwas lernen soll. Es ist ein weit verbreitetes Missverständnis, dass Hunde deswegen ihr Verhalten ändern. Strafe ändert nichts daran, was der Hund tun MÖCHTE. Wenn der Hund mit Artgenossen unsicher ist, Angst vor ihnen hat oder sich aggressiv verhält, wird Strafe seine innere Einstellung in keiner Weise positiv beeinflussen, ganz egal wie sehr man ihn anschreit, schlägt oder an der Leine reißt. Brutalität dem Hund gegenüber führt nur zu Stress und erlernter Hilflosigkeit und am Ende zu einer dramatischen Veränderung der Hundepersönlichkeit (37).

Ein häufiges Problem ist, dass der Hund in die Leine springt und zerrt, dabei bellt und tobt, wenn er andere Hunde sieht. Die Halter bekommen dann oft den Rat, sie sollen den Hund für dieses Verhalten strafen. Aber bei der nächsten Begegnung mit Artgenossen wird der Hund genau dasselbe wieder tun und auch bei der nächsten und der übernächsten ... Manche Leute bestrafen ihren Hund dafür jedes einzelne Mal und das über Jahre hinweg, ohne sich jemals zu fragen, ob es nicht der falsche Weg ist, da er ja ganz offensichtlich nicht zum gewünschten Ergebnis führt.

Der einzige Effekt, den dieses häufige Strafen hat, ist sozialer Stress beim Hund, der wiederum die Aggressionsprobleme noch verschärft.

» Ist der Hund aktiv, unternehmungslustig, sozial, verspielt und fröhlich, dann ist das ein Indiz dafür, dass er gut betreut wird.

Verhaltensprobleme

Verhaltensprobleme beim Hund können Hinweise darauf geben, wie der Hund behandelt wird. Wenn ein Hund sich dem Halter gegenüber ängstlich und sehr unterwürfig zeigt, dann ist das vermutlich die Folge seiner Erfahrungen mit diesem Menschen. Man kann das auch daran erkennen, wenn er vor der Hand oder vor lauten Stimmen zurückweicht. Es ist allerdings kein verlässliches Indiz für den Umgang mit dem Hund, da sein ängstliches oder submissives Verhalten ja auch durch Schmerzen, schlechtes Sehen, negative Erfahrungen aus seinem vorherigen Zuhause oder sonstige Ursachen bedingt sein kann.

KAPITEL 5

Bindungen stärken und sozialen Stress vermeiden

Es gibt viele Dinge, die man für den Hund und für ein möglichst harmonisches Miteinander tun kann. Dazu sollten bestimmte Dinge vermieden und anderen mehr Zeit gewidmet werden. Das ist nicht besonders zeitaufwändig und die meisten Menschen machen das eine oder andere davon vermutlich ohnehin schon mit ihrem Hund. Man kann aber gar nicht oft genug betonen, wie wichtig diese Dinge sind, und dass man damit die Bindung zu seinem Hund vertiefen und sozialem Stress entgegenwirken kann, wenn man sie ausreichend beachtet.

Wenn man weiß, was im Leben des Hundes wichtig ist – zum Beispiel Spielen, Kuscheln, Beschäftigung drinnen wie draußen – dann kann man dem leicht ein wenig extra Zeit widmen.

» Das gemeinsame Spiel trägt zur Stärkung der Bindung zwischen Mensch und Hund bei.

Spielen und Aktivität

Spiel trägt wesentlich zur Stärkung der Beziehung bei. Es beinhaltet Bewegung und Körperkontakt und macht allen Beteiligten Spaß. Dadurch werden Endorphine, also körpereigene schmerzstillende Hormone ausgeschüttet, sowie Adrenalin und Oxytocin. Während des Spielens werden die Muskeln mit mehr Blut versorgt, aufgewärmt, gelockert und gekräftigt, was Verletzungen und Verspannungen vorbeugt.

Auch das Gehirn will trainiert werden – genau wie ein Muskel. Geistige Auslastung hat schon viele Verhaltensprobleme gelöst und Hunden zu einem neuen, glücklicheren Leben verholfen. Geistige Anregung in der Wohnung ist wichtig, weil die Hunde zu Hause sonst nur herumliegen. Während der Ruhephasen bauen sie Energie auf, die dann beim Spaziergang ausgelebt wird. Kein Wunder also, dass manche Hunde so aufgedreht und überaktiv sind, wenn sie nach draußen kommen. Wenn man das vermeiden möchte, sollte man überprüfen, ob der Hund häufig genug und lange genug spazieren geht und man kann einen kleinen Trick anwenden, indem man ihn kurz vor dem Spaziergang ein wenig beschäftigt. Es dauert nur ein paar Minuten, 30 oder 40 kleine Leckerchen zu verstecken oder ein paar Schachteln oder Dosen mit Keksen zu befüllen. Der Hund braucht dann aber gut 15 bis 20 Minuten, bis er alle gefunden hat. Geht man danach mit ihm aus dem Haus, ist er viel ruhiger und der Spaziergang wird doppelt so angenehm.

Den Hund begrüßen

Ein Begrüßungsritual braucht nicht lange und geht meist in ein kleines Spiel über. Mir erzählten schon Hundehalter, dass ihr Hund mit dem Begrüßen einfach gar nicht aufhört und es lange andauert; sie widersprachen mir daher, als ich sagte, es soll sich um ein kurzes Ritual handeln. Als ich sie bat, es einmal zu stoppen, dauerte keines davon länger als eine Minute – ausgenommen bei einem Cocker Spaniel, bei dem es drei Minuten dauerte. Der Hundehalter selbst hatte die Zeit allerdings auf 10 bis 15 Minuten geschätzt. Man hat oft das Gefühl, dass ein sehr intensiv ausgeführtes Verhalten viel länger dauert,

» Wie schon erwähnt ist es wichtig, dass man den Hund beim Heimkommen mit einem kleinen Ritual begrüßt. Ein solches Ritual ist für den Hund von großer Bedeutung, weil es dazu beiträgt, nach der Trennungsphase die sozialen Bindungen wieder zu festigen.

als es tatsächlich der Fall ist. Warum die Zeit ein Thema ist? Ich erwähne das, weil manche Hundehalter glauben, dass es am besten ist, wenn der Hund sich ganz schnell wieder beruhigt und sie gleich nach dem nach Hause kommen wieder etwas Anderes tun können ...

Sich gegen Strafe entscheiden

Wenn der Hund ein Verhaltensproblem hat, das oft auftritt und Sie jedes Mal wütend macht und zur Strafe greifen lässt, dann brauchen Sie eine andere Strategie, denn dann wirkt Ihre bisher gewählte ja offensichtlich nicht. Versuchen Sie, den Hund mit einem Leckerchen abzulenken, das funktioniert wesentlich besser und ist effektiver. Noch besser klappt es mit Clickertraining (16) oder BAT (Behaviour Adjustment-Training), das immer populärer wird (40). (Beim BAT werden operante Gegenkonditionierung und systematische Desensibilisierung eingesetzt, um die sozialen Fähigkeiten, Selbstwirk-

» Die Futterbelohnung bestärkt den Hund im Zeigen erwünschter Verhaltensweisen.

samkeit und Selbstbewusstsein in Gegenwart von Angstauslösern und Vertrauen in den Halter zu fördern. Hierfür wird zum Beispiel über Futterbelohnung gearbeitet.) Einen guten Trainer, Hundepsychologen oder Verhaltensberater aufzusuchen kann ebenfalls hilfreich sein.

Streit vermeiden

In gewisser Weise sind Hunde Egozentriker, denn sie glauben, dass sich alles immer um sie dreht. Wenn Sie direkt neben Ihrem Hund stolpern, dann wird er glauben, dass Sie ihn angreifen. Laute und ärgerliche Stimmen nimmt er als direkte Bedrohung war. Der Hund bezieht mit seiner egozentrischen Veranlagung alles auf sich. Wenn Sie mit jemandem streiten, dann brauchen Sie nur einen Blick auf Ihren Hund zu werfen und werden bei ihm submissive Signale wie eine eingeklemmte Rute, angelegte Ohren und eine geduckte Körperhaltung sehen, denn er hat Angst. Wenn es zum Streit kommt und es mal laut wird, dann regeln Sie das möglichst nicht in der Nähe Ihres Hundes.

Auf die kleinen Zeichen achten

Hunde schauen ihre Menschen oft mit einem langen, sehnsüchtigen Blick an. Üblicherweise hat das die Bedeutung von „Schau her! Ich möchte was!" Deshalb sollte man lernen, die Kommunikationssignale des Hundes zu erkennen und zu beachten. Wenn sie Ihnen bei Ihrem Hund auffallen und Sie darauf reagieren, werden sich die Kommunikation und der Austausch mit Ihrem Hund verbessern und auch die Bindung wird intensiver werden.

Weiter vorne im Buch habe ich beschrieben, wie unser Hund Macho lernte, diesen intensiven Blick als Signal für die verschiedenen Dinge zu verwenden, die er möchte. Er hat das ganz allein gelernt, nur dadurch, dass wir begonnen haben, seine langen und durchdringenden Blicke zu bemerken und zu verstehen.

Zusammen sein/ Gemeinschaft leben

Mit anderen in einer Gruppe zusammenzusein, ist für einen Hund überlebenswichtig. Schließlich ist er ein Rudeltier, das mit anderen Individuen in einer Gruppe zusammenarbeitet, in der er Rückhalt, Mut und all die Vorteile findet, die Koordination und Kooperation mit sich bringen. Alleinsein ist ein unnatürlicher Zustand für einen Hund. Ein erwachsener Hund kann lernen, ein paar Stunden alleine zu Hause zu bleiben, aber kein Hund kommt psychisch gut damit zurecht, wenn er ganze Tage lang allein sein muss. Wenn Sie den ganzen Tag außer Haus sein müssen, dann legen Sie sich besser keinen Hund

» In einer freundlich gestimmten Gemeinschaft fühlen sich Hunde wohl.

zu. Oder aber Sie engagieren einen Hundesitter, der ihn in Ihrer Abwesenheit betreut. Eine weniger gute Lösung ist eine Hundetagesstätte, weil es da sehr auf die Qualität der Einrichtung ankommt. Gibt es dort sehr viele Hunde und wenig Betreuungspersonal, ist das ungünstig.

» Für den Hund ist es wichtig, bei den Aktivitäten seiner Menschen dabei sein zu können.

Für den Hund ist es wichtig, dass er bei Ihren Aktivitäten dabei sein kann. Ein junger Hund läuft seinem Menschen auf Schritt und Tritt hinterher, weil es einfach in seiner Natur liegt, dort zu sein, wo der Rest der Familie ist. Der Hund sollte also überall hin können, wo Sie sich aufhalten – egal ob im Fernsehzimmer, im Arbeitszimmer oder in der Küche. Kein Raum sollte für den Hund verboten sein und er sollte auch nicht alleine in ein Zimmer gesperrt werden. Wie schon erwähnt empfehlen das manche, damit der Hund lernt, alleine zu bleiben. Eine solche Empfehlung ist allerdings unethisch und widerspricht der Natur des Hundes. Wenn er hingegen immer dort sein darf, wo Sie sich aufhalten, dann stärkt das die Beziehung zu Ihnen und den anderen Familienmitgliedern.

» Das tägliche Erkunden und Erschnüffeln der Umgebung ist für Hunde wichtig.

Nachsichtig sein

Sparen Sie sich alle Regeln und Vorschriften, die nicht unbedingt notwendig sind; zum Beispiel auch die, dass der Hund immer tun muss, was man ihm sagt. Lassen Sie keine Situationen aufkommen, in denen er um jeden Preis ausführen muss, was ihm befohlen wurde. Hinterfragen Sie Ihre Prinzipien und schaffen Sie ein verständnisvolles und freundliches Klima für Ihre Beziehung. Beim Spaziergang soll der Hund jeden spannenden Geruch erkunden können, den er findet. Das dauert vielleicht eine Weile, warten Sie trotzdem, bis er genug hat und gehen Sie erst dann weiter.

Rituale

Hunde mögen es, wenn Sie wissen, was der Tag so bringen wird. Führen Sie daher möglichst viele Rituale ein, die jeden Tag zur gleichen Zeit dasselbe bringen. Für eher energiegeladene Hunde kann das allerdings auch langweilig werden, sie brauchen mehr Abwechslung im Leben. Unsichere, gestresste und ängstliche Hunde hingegen profitieren von Ritualen. Es ist allerdings auch wichtig, dass hin und wieder etwas außerhalb der gewohnten Routine stattfindet, vielleicht ein Ausflug oder Besuch. Das Wochenende bietet meist eine gute Gelegenheit für etwas mehr Abwechslung neben der Alltagsroutine.

Nähe

Viele Hunde haben eine echte Abneigung gegen engen Körperkontakt. Umarmen und Knuddeln lösen meist entweder submissive Signale oder sogar Knurren aus. Dasselbe gilt, wenn man sein Gesicht sehr nahe an das Gesicht des Hundes bringt. Mit dem Hund zu schmusen ist also keinesfalls immer eine freundliche Geste – jedenfalls nicht für den Hund.

Was Hunde allerdings gern mögen, ist das Kontaktliegen mit ihrem Menschen, das ihnen mehr entspricht und das sie genießen. Wie nahe der Hund dabei neben dem Menschen liegen möchte und wie oft er das macht, hängt ganz von der Rasse und vom jeweiligen Hund ab. Der Chihuahua etwa ist ein typisches Beispiel für einen echten „Schmusehund", ein Herdenschutzhund ist eher mit wenigen Streicheleinheiten zufrieden.

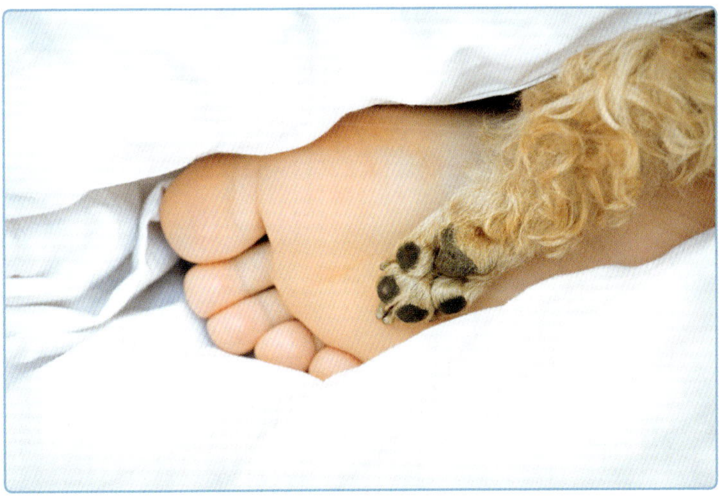

Wenn Sie die Bindung mit Ihrem Hund festigen möchten, dann sollten Sie sich ihm nicht aufdrängen, sondern ihn selber entscheiden lassen, wie nahe er Ihnen sein möchte.

Zuwendung/ Massage

Zum sich umeinander Kümmern und zu den Zeichen von Zuwendung gehört die konzentrierte Berührung – der Hund verwendet dazu seine Zunge und wir unsere Hände. Vorläufige Studienergebnisse deuten darauf hin, dass ein Hund umso mehr die Zuwendung sucht, je mehr wir ihn streicheln und berühren (20).

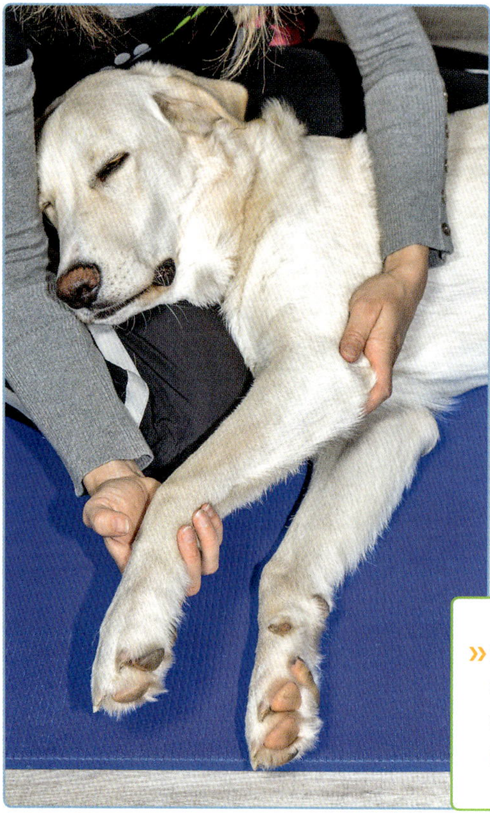

Wir wissen alle, wie gut sich eine Massage anfühlen kann, vielleicht ist uns aber gar nicht klar, welchen Nutzen wir daraus ziehen. Versuchen Sie, Ihren Hund sachte ein wenig zu massieren und achten Sie auf seine Reaktion. Es gibt heute eine Fülle von Massagekursen zur Auswahl und je mehr Sie lernen, desto besser wird es natürlich gehen.

» Eine gut durchgeführte Massage ist wohltuend für Körper und Seele.

Wenn man den Hund massiert, dann entsteht sehr rasch eine tiefe Verbindung. Er entspannt sich dabei oftmals so tief, dass man ihn am Ende behutsam wecken muss, damit er nicht plötzlich hochschreckt. Sehr oft dehnt oder schüttelt sich der Hund danach, so wie ein Mensch, der sich nach einer wohltuenden Massage streckt. Wenn Sie es richtig gemacht haben, ist Ihr Hund anschließend sehr entspannt.

Bessere Muskeldurchblutung

Bei einer Massage werden die Muskeln besser durchblutet. Das bedeutet auch, dass sie mehr Nährstoffe erhalten und dadurch leistungsfähiger werden. Besonders wichtig ist das für gestresste Hunde, deren Muskeln sehr verspannt und schlecht durchblutet sind. Wir wissen ja, wie steif und unangenehm sich solche Verspannungen anfühlen. Wenn Sie die verkrampften Muskeln sanft massieren, werden Sie spüren, wie die Verspannungen und das Unbehagen geringer werden.

Daraus lässt sich erkennen, was eine simple Massage bereits erreichen kann, nämlich die Wiederherstellung der normalen Funktion der Muskulatur. Massagen lindern auch Verspannungen und Muskelschmerzen oder bringen sie sogar ganz zum Verschwinden.

Massagen gehören zu den besten Methoden, wie man die emotionale Beziehung zwischen Mensch und Hund stärken kann. Während des Massierens wird Oxytocin ausgeschüttet, ein Hormon, das für Entspannung und ein behagliches Gefühl sorgt, so wie zwischen Mutter und Kind beim Stillen. Das Oxytocin wird während der Massage sowohl beim Hund als auch bei Ihnen freigesetzt. Es führt also auch bei Ihnen dazu, dass Sie sich besser fühlen, der Blutdruck sinkt und auf lange Sicht die Immunabwehr gestärkt wird.

Abschließende Gedanken

Ich habe in diesem Buch versucht darzulegen, weshalb ein freundlicher und vertrauensvoller Umgang mit unseren Hunden uns viel weiter in unserer Beziehung zu ihnen bringt als ein herrischer, angsteinflößender. Kooperation und Empathie als Basis einer Jahrtausende alten Verbindung bringen nicht nur bessere Trainingsergebnisse, sondern auch weit weniger Probleme im Alltag und viel mehr Freude im Miteinander.

Darüber hinaus zeigen immer mehr Forschungsarbeiten, wie gut Hunde uns Menschen tun. Deshalb ist es so wichtig und nur fair, dass wir Sie so behandeln, dass es ihnen auch gut mit uns geht.

Dank

Mein herzlicher Dank gilt meinen Kolleginnen und Kollegen, die sich dafür einsetzen, dass es Hunden gut geht. Linda Atmer, Biologin; Karolina Lasses, Verhaltensberaterin mit Schwerpunkt Ethologie; David Selin, Leiter der Ausbildung zum Hundepsychologen bei „Hundutbildnignsgruppen" und Mari Wendt, Psychologin. Alle Genannten sind auch Hundepsychologen und haben mir so viele wertvolle Anregungen und Literaturtipps für dieses Buch gegeben.

Darüber hinaus möchte ich meiner Frau Ginger für ihre Geduld beim Korrekturlesen und für die Idee zum Buchtitel danken.

Anders Hallgren

Literatur

1. Blackwell, E. J. m. fl. 2008, The relationship between training methods and the occurrence of behavior problems, as reported by owners, in a population of domestic dogs. Journal of Veterinary Behavior, # 3

2. Boitani, L. & Mech, D. Ed. 2003, Wolves, Behavior, Ecology, and Conservation. The University of Chicago Press, Ltd, London

3. Christiansen, F. W. 2007, Hundes og ulves adfærd, Ny insigt i aggressivitet, ledarskab og signaler. Forlaget Tro-Fast ApS, Danmark

4. Dawkins, R. 2014 (2. Auflage), Das egoistische Gen, Springer Spektrum, Deutschland

5. de Dreu, C. K. W., Greer, L. L., Handgraaf, M. J. J., Shalvi, S., van Kleef, G. A., Baas, M., Ten Velden, F. S., van Dijk, E. & Feith, S. W. W. 2010, The neuropeptide oxytocin regulates parocial altruism in intergroup conflict among humans. Science, 328, 1408 - 1411

6. Edgar, J. L., Nicol, C. J., Clark, C. C. A. & Paul, E. S. 2012, Measuring empathic responses in animals. Applied Animal Behavior Science 138(3), 182 - 193

7. Ekman H. 2010, Vargen. Norstedts Förlag, Stockholm

8. Fennell, J. 2001, Mit Hunden sprechen. Ullstein Verlag, Deutschland

9. Fox, M. (ed.) 1975, The Wild Canids – Their Systematics, Behavioral Ecology and Evolution. VNR Behavioral Science Series. Van Nostrand Reinhold Company, New York / London

10. Frankenhaeuser, M. & Ödman, M. 1983, Stress, en del av livet. Brombergs, Värnamo

11. Fugazza, C. 2014 (2. Auflage), Do as I do. Mach's mir nach! Dogfriend Publishers

12. Goleman, D. 1998, Känslans intelligens. Wahlström & Widstrand, Stockholm

13. Haber, G. and Holleman, M. 2013, Among Wolves. University of Alaska Press, Fairbanks, Alaska

14. Hallgren, A. 1972, Avhandling för psykologexamen. Stockholms Universitet, Stockholm

15. Hallgren, A. 2003, Rückenprobleme beim Hund, animal learn Verlag

16. Hallgren, A. 2000/2010, Klicker. MB Förlag, Bromma

17. Hallgren, A. 2001, Lehrbuch der Hundesprache. Mit dem Hund auf Du und Du. Oertel + Spoerer

18. Hallgren, A. 2006, Das Alpha-Syndrom: Über Rangordnung bei Hunden – was das ist und was nicht, animal learn Verlag

19. Hallgren, A. 2011, Rädda arga och stressade hundar. MB Förlag, Bromma

20. Hallgren, A. 2015, Vård hos hund, opublicerad pilotstudie. Järna

21. Hallgren, A. 2016, Etik och Etologi. AH Books, Järna

22. Hallgren, A. Mentalitet och testning. Manus att publicera. AH Books, Järna

23. Hansson, M. 1986, Pilotstudie om auktoritär uppfostran och hundaggressivitet. Pers. komm.

24. Herron, M. E., Shofer, F. S. & Reisner, I. R. 2009, Survey of the use and outcome of confrontational and non-confrontational training methods in client-owned dogs showing undesired behaviors. Applied Animal Behavior Science. 117, 47-54

25. Hiby, E. F., Rooney, N. J. & Bradshaw, J. W. S. 2004, Dog training methods: Their use, effectiveness and interaction with behavior and welfare. Animal Welfare. 13, 63-69

26. Larsson, H.-O. 1988, Varg. Natur och Kultur, Stockholm

27. Magnusson, E. 1981, Parental investment hos tamhund. Examensarbete. Zoologiska institutionen, Stockholms Universitet, Stockholm

28. Malm, K. 2005, Aggressivitet hos hundar. K. Malm, Tanke i Tryck, Skara

29. Malm, K. 2005, Hunden Människan Relationen. K. Malm, Tanke i Tryck, Skara

30. Mech, D. 1970, The Wolf. Natural History Press, Garden City, NY

31. Miklósi. A. 2011, Hunde – Evolution, Kognition und Verhalten, Franckh Kosmos Verlag

32. Nagel, M. & von Reinhardt, C. 2003, Stress bei Hunden, animal learn Verlag

33. Romero, T., Konno, A., Hasegawa, T., 2013, Familiarity Bias and Physiological Responses in Contagious Yawning by Dogs Support Link to Empathy. PLoS ONE 8 (8):e 71365. doi:10. 1371/journal.

34. Rooney, N. J. & Cowan, S. 2011, Training methods and owner–dog interactions: Links with dog behavior and learning ability. Applied animal behavior science. 132, 169-177

35. Rowell, T. E. 1963, Hierarchy in the organization of a captive baboon group. Anim. Behav. 1963, 14: 430 443

36. Schalke, E., Stichnoth, J., Jones-Baade, R. 2007, Clinical signs caused by the use of electric training collars on dogs in everyday life situations. Applied Animal Behavior Science, 105 (4), 369-380

37. Seligman, M. E. P. 1976, Hjälplöshet. Aldus, Stockholm

38. Selin, D. 2015, Pers. komm.

39. Sjölander, S. 2015, Från urhund till sällskapshund. Nya Doxa, Nora

40. Stewart, G. 2015, Behavior Adjustment Training 2.0. Dogwise Publishing, Wa. USA

41. Thorman, K. Föreningen Assistenthunden & Rehabhunden. Pers. Komm.

42. Zimen, E. 2003, Der Wolf. Verhalten, Ökologie und Mythos. Kosmos Verlag

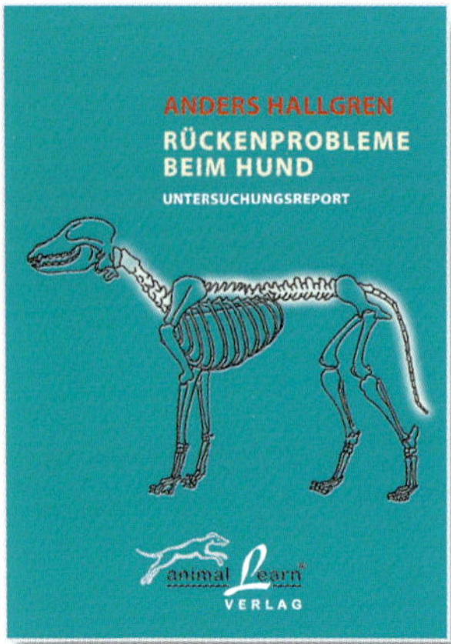

animal Learn VERLAG

Rückenprobleme beim Hund
Untersuchungsreport

Anders Hallgren

Anders Hallgren, der bekannte Psychologe und Hundetrainer aus Schweden, beschreibt in dieser Studie ausführlich die Auswirkungen von Rückenproblemen, anderen Gelenkserkrankungen und damit verbundenen Schmerzen auf das Wesen und Verhalten unserer Hunde.

Er berichtet über mögliche Ursachen und gibt wertvolle Ratschläge, welche Behandlungsmethoden bei der Heilung oder Linderung erfolgversprechend sind. Er erklärt, worauf beim Trainieren verschiedener Hundesportarten zu achten ist und welche Präventivmaßnahmen jeder Hundebesitzer ergreifen kann, damit sein Tier gesund und fit bleibt.

Ein wertvoller Ratgeber für jeden, der mit Hunden lebt und arbeitet.

Paperback, 56 Seiten,
mit zahlreichen farbigen Abbildungen

ISBN: 978-3-936188-05-9

Bestseller

Calming Signals
Die Beschwichtigungssignale der Hunde

Turid Rugaas

Wie ihre Vorfahren, die Wölfe, leben Hunde in Familienverbänden, die über ein fein abgestuftes Kommunikationssystem zur gegenseitigen Verständigung verfügen. Ihr Sozialverhalten ist zu einem wesentlichen Teil durch Strategien zur Konfliktvermeidung innerhalb des Rudels bestimmt. Forschungen beschreiben bestimmte Merkmale ihrer Körpersprache als „cut off signals". Sie dienen dazu, Aggressionen zu stoppen oder gar nicht erst aufkommen zu lassen. Lange Zeit glaubte man, dass diese Signale im Verhaltensrepertoire von Hunden nicht zu finden seien.

Turid Rugaas, eine der weltweit angesehensten Hundetrainerinnen, bewies das Gegenteil. Ebenso beschreibt sie, wie wir Menschen die Signale erkennen, deuten und sogar selbst einsetzen können. So wird es jedem möglich, zu einem besseren Verständnis seines eigenen, aber auch fremder Hunde zu gelangen.

Hardcover, 104 Seiten, mit zahlreichen Farbfotos und Fallbeispielen

ISBN: 978-3-936188-01-1